金鱼之美

何为 著

SJPC
上海三联书店

作者序

收集关于金鱼的文献资料十年了，关于金鱼，前人屡屡著述，从对金鱼的历史到金鱼的饲养方法，既有针对家庭饲养赏玩的科普图书，也有解剖学、遗传学的专著；既有关于品种介绍的图鉴，也有关于养殖技术的问答教科书，关于金鱼的各方面介绍，已经十分丰富，没有必要再东施效颦了。

近些年，金鱼作为一种传统文化商品，越来越广泛地被全世界接受，中国金鱼成为世界金鱼贸易的重要组成部分和中国文化输出的重要载体。从十六世纪初开始的金鱼输出，已经在日本、欧美、东南亚等地形成了不同于中国的当地金鱼品种。这些金鱼品种随着国际文化交往和贸易的发展，又回到中国，落地生根。金鱼故乡的人们看到了不同文化背景下的金鱼之美，接纳并重新改造成中国式审美背景下的金鱼新品种。在国内，重塑传统中国文化的热潮促进了金鱼产销两旺，很多消失多年的金鱼品种再次出现，传统品种的金鱼成为人们追忆过去的美好回忆。金鱼在中国诞生了大约一千年，这在生物演化的漫漫长河中只是短短一瞬间，远远不足以分化成一个生物学意义上的物种，因此，金鱼并不具有一个单独物种的生物学属性，金鱼的不同品种之间、和它的祖先鲫鱼之间不存在生殖隔离。金鱼基于中国历史上特有的文人阶层发展起来，金鱼及其众多的“品种”是文化意义上的而不是生物分类学意义上的。金鱼是人对自然物种改造的作品，而不是大自然通过自然选择形成的物种。金鱼需要人们把它当做人为的艺术作品去理解，需要更加直观的呈现方式。

金鱼的形态在其祖先鲫鱼的基础上，头、身、鳍、鳞、色都发生了巨大的变化，和鲫鱼相比已经面目全非，这种种变化，都是基于人的需要和选择。在金鱼诞生和发展中起到巨大作用的东方文化，十分强调人对物的感受，世间万物给人的感受成为人心中“意境”，这种意境是东方人的一种精神享受，通过文字、绘画、雕塑等等艺术形式物化，融入人们的生活。金鱼就是这种文化背景下，人们以自然物种作为原材料塑造出的一个杰作。

金鱼的形态和颜色变化无穷，世界上没有两条完全一样的金鱼。每一条金鱼从诞生到老去，随着生长、成熟也会发生巨大的变化，因此，每条金鱼的美转瞬即逝，消失后都不会再现。金鱼之美，需要通过绘画、摄影等技术手段才能得以保存。

最初拍摄金鱼，正是由于每条金鱼转瞬即逝，再也无法遇到某一条鱼，为了留下每条金鱼的样子而给金鱼拍照片。这样延续了七八年，积累了近三千张金鱼的照片。每张照片都是某一条鱼生命里那个时间点的形象，可能是它最美的瞬间，也许是它最沮丧的样子，但无论如何，至少记录了它在人世间的样子。通过图片来展示金鱼的美，让大家得以看到曾经出现的金鱼，通过了解金鱼的名称，简单辨认金鱼，欣赏金鱼之美是这本书最主要的目的。

选择近一百一十年这样一个时间段，因为 1912 年是一个分界点。

1912 年，清朝宣告结束，新文化运动让中国人打开了面对世界的大门，现代科学看待事物研究事物的方式，新的生活方式，像一股激流涌入延续了数千年的中国社会，不同文化在中国混合激荡。这以后，中国人对金鱼的遗传学研究，面对公众的金鱼的展览会渐次出现，金鱼从精英阶层生活开始走入寻常百姓家。从那时起，中国人不仅用传统文玩的眼光，也开始用现代科学的眼光考察金鱼。本书对金鱼的系统分类，品种命名也是基于现代生物学的出发点。

1912 年，也是母校的诞生年。谨以此书献给母校一百一十周年寿辰。

作者　谨识

目　录

金鱼的名称

唐 章怀太子墓前甬道东壁内侍图。图中内侍右手拿鱼符

左：乾县 唐 李贤墓壁画中的佩鱼袋者
右：莫高窟156窟 晚唐壁画中的佩鱼袋者

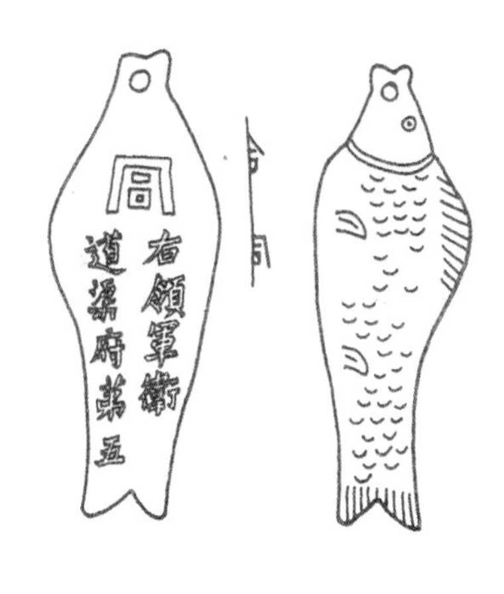

唐 道渠府鱼牌（左）

金鱼起源于中国宋朝，但关于金鱼始祖 — 异色鲫鱼的记述，在中国更早的史籍中有许多，却很少称为“金鱼”。这是因为宋朝以前，“金鱼”一词有其特定含义。隋唐时期的铜质鱼符被称为“金鱼”，由于鱼符是特定身份的标志，所以“金鱼”一词又引申有官职的含义。明以后，取消了鱼符制度，“金鱼”的名称才开始逐渐用于金鱼，成为各种颜色各种形态金鱼的统称。

中国的金鱼名称

古代中国，金鱼的名称大多用描述颜色的词汇，如“朱鱼”、“火鱼”、“玳瑁鱼”、“硃砂鱼”等，也有用饲养方式命名的，如“盆鱼”。还有一些名称，可能是基于方言发音，在局部地区使用的名称，如“金箍鱼”、“手巾鱼”。

20世纪初以后，经过数百年的人工选育，金鱼的形态发生了很大变化，金鱼名称也从最初的颜色描述逐渐变化成为形态描述，并且根据形态特征，对金鱼进行分类。例如，20世纪30年代，上海把金鱼分为五类：眼凸起 – “龙种”；无背鳍 – “蛋种”；眼正常有背鳍 – “文种”；单尾鳍 – “草种”和鳞片凸起 – “珍珠种”。在每一大类下，又根据头顶、眼、鳃、尾、颜色进行命名。名字多用类比法形容不同品种的形态，如“虎头”、“鹤顶”、“凤尾”等；也有直接描述形态的，如“水泡”、“翻鳃”、“绒球”等。当时的名称已经形成形态品种名称加颜色定语的基本结构，如“五花文鱼”、“花龙（花龙睛）”等。这些名称通过长期的使用，在中国各地的方言中逐渐融合统一。

20世纪后期，中国的对外开放，中国开始成为世界金鱼贸易的生产国。国际订单对不同金鱼品种的要求，促进了日本金鱼品种进入中国，日本金鱼的名称也逐渐在中国被普遍采用。如“琉金 ”、“兰寿”、“和金”、“地金”、“土佐金”等等。

20世纪90年代，中国的金鱼养殖开始产业化发展，金鱼逐渐成为一个水产养殖品种。在这个背景下，中国水产学会专门组织金鱼的研究、生产、贸易等各个方面的专家，讨论制定了统一的命名规则和金鱼品种名录，中国金鱼开始有了统一的分类和命名原则。

21世纪，金鱼和全世界的交流日益密切，国际贸易对中国金鱼的品种和名称产生了巨大的影响。中国香港以及泰国、越南等东南亚地区，通过贸易引进日本金鱼的同时，也直接采用了日本金鱼的名称，如“琉金”“兰寿”等。

金鱼品种名称随着时代发生变化的现象，在头瘤类金鱼中显得特别突出。

在中国金鱼传统名称中，“狮头”“虎头”是用来命名不同头瘤形状的名称，

文种金鱼和蛋种金鱼

特指某一种头瘤形状的金鱼品种，类似的还有“鹅头”“皇冠”等，名称的含义中并不涉及背鳍的有无。就是说，有背鳍的文种和没有背鳍的蛋种中，都有可能有狮头或虎头。但由于狮头和虎头两种头型之间有许多中间状态，导致一些普通金鱼饲养者难以分辨和记忆。随着金鱼的普及，越来越多的人选择了更为清晰的界定方法，即“有背鳍又有头瘤的金鱼叫做狮头，没有背鳍有头瘤的金鱼叫做虎头”。这样的界定虽然失去了原本名称的描述性含义，但也让普通人更容易识别和记忆金鱼的品种。

金鱼不是自然物种，区区千年的演变没有让金鱼不同品种之间，甚至和其始祖先鲫鱼之间产生生殖隔离，杂交十分常见。因此，金鱼新的形态及颜色不断出现。随着人们喜好和审美的变化，金鱼不断出现新的品种，人们随之加以命名。比如“宽尾琉金”、“短尾狮”等。因此，金鱼的品种和名称始终处在变化的状态，是动态的。

民间的金鱼生产和贸易商为了对自己的产品加以注释和界定，同时也为了促销，往往自行给金鱼命名，这些名称不一定具有清晰的品种界定标准，也不一定专指一个已经能够稳定遗传的“品种”，但这些名称在实际使用时往往得到广泛的应用。

2017年，海峡书局基于10多年时间里金鱼品种的变化，出版了新的《中国金鱼图鉴》，提出了以背鳍的有无作为金鱼基本分类依据，把金鱼分为两个大类，两大类以下再根据不同的特征加以细分和命名，进一步明确了金鱼种类的界定标准。本书根据海峡书局版《中国金鱼图鉴》的金鱼分类方法编排金鱼品种图片。

日本的金鱼名称

金鱼在公元16世纪初从中国传到日本，迅速被具有鱼文化基础的日本所接受。金鱼最初传入日本的时候，被称为“きんぎょ”（万叶训读：古加禰宇於）。类似的，还有银鱼 – “ぎんぎょ”（万叶训读：志吕加禰宇於）； 丹鱼 – “あかうお”（万叶训读：阿加宇於）。

日本对金鱼的命名常常采用地名。这些地名有的是关于输入来源，有的是关于品种诞生地。最初从中国传入日本的是身体狭长，尾呈三叉的金鱼。这种金鱼在中国的图画中多有记载，但后来已经消失。经过长时间的饲养后，日本人误认为最初传入的金鱼是日本固有金鱼，为区别后来传入的金鱼，把初次传入日本的金鱼称为“和金”。以后，中国的文鱼传入琉球王国，在琉球经过人工饲养繁育以后，体型和尾鳍的形态发生了一些改变。日本安永至天明年间（1772 ～ 1788）从琉球王国引入这些金鱼，所以被称为“琉金”。蛋种金鱼是日本宽延元年（1748年）以前从中国传入的，沿用了闽东语的发音，被称为“卵虫”。中国的龙睛金鱼大约在19世纪末传到日本，被命名为“出目金Demekin”。最初的文种头瘤型金鱼是混杂在琉球输出到日本的琉金中抵达日本的。当时日本处于闭关锁国状态，只有荷兰和中国的运输船被允许进入。因此这些文种有头瘤的金鱼被命名为“荷兰狮子头”。

目前在全世界流行的金鱼品种“兰寿”基于从中国传入日本的蛋种金鱼“卵虫”培育出来的。培育出兰寿的石川亀吉为了和没有头瘤的“卵虫”区别开，给这种有头瘤的短尾蛋种金鱼取名为“蘭鑄”，也有写做“金鑄”。日本蘭鑄在20世纪80年代引入中国以后被改造成中国风格的兰寿，成为目前中国金鱼的主流品种之一。

另外一个目前在全世界流行的品种是“荷兰狮子头”，日文假名写做“オランダシシガシラ”，英文写做“Oranda”。Oranda的名称传播到世界各国，被普遍使用。进入中国后，“有头瘤，有背鳍”的简单界定范围影响了中国原本的“狮子头”“老虎头”的名称界定，使得中国金鱼名称中的“狮头”和“虎

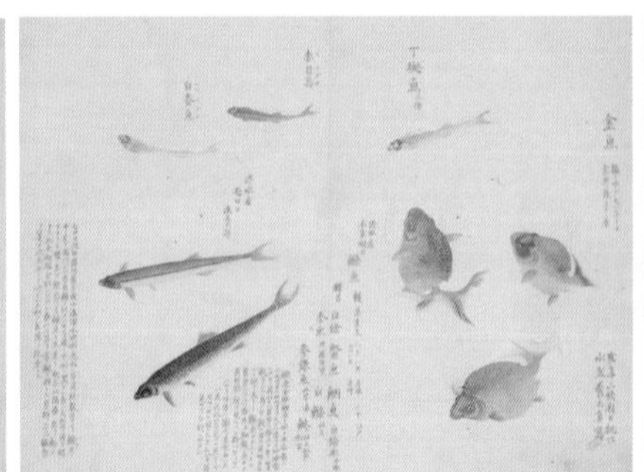

1835《梅园鱼谱》（日本）

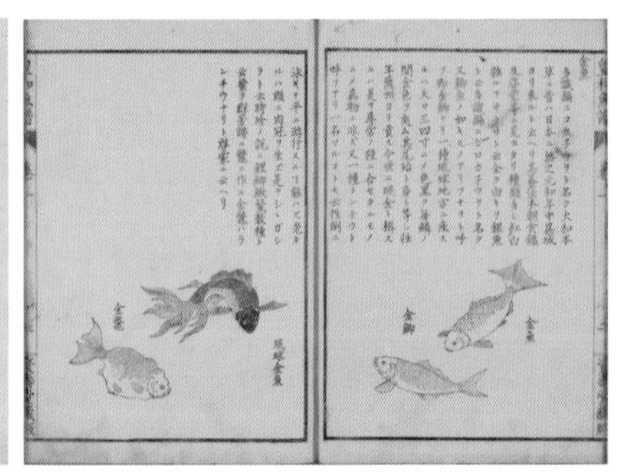

1838《皇和鱼谱》（日本）

头”的含义发生了改变。

明治时期，日本金鱼步入产业化发展，金鱼成为水产品出口品种之一，各地成立了行业协会。同时，作为金鱼爱好者组织，各地也纷纷成立了爱好者协会。20 世纪以后，日本金鱼新品种的推出基本上以展评会展出为标志，新的品种名称也随之出现。

20 世纪初以后，日本基于传入的金鱼品种，逐渐繁育出更多形态、颜色有别于传入品种的本土品种，逐渐形成了日本自己的金鱼品种体系。日本经过明治维新以后较早开放，十九世纪末到二十世纪初金鱼很快成为国际贸易商品，对金鱼在欧洲、北美以及东南亚的推广普及起到了重要的作用。日本的金鱼名称也随着金鱼的出口被世界各国所沿用。20 世纪后期中国全面开放以后，为了满足国际贸易对原有金鱼品种的需求，陆续从日本引入了流行的金鱼品种，日本的金鱼名称也在中国被沿用至今。

日本金鱼的名称大致可以分成几类：

输入地的地名或者输入相关的地名，如“琉金”、“荷兰狮子头”等；品种做出地的地名，如“江户锦”、“土佐锦”等；沿用输入时原来的名称，如“蝶尾”、“珍珠鳞”等；对原有名称略加改动本土化的名称，如“青文鱼”（中国称蓝文鱼）、“花房”（中国称“绣球”）；类似中国的颜色加品种名称，如“茶琉金”、“黑兰寿”、“樱东锦”等。

日本对金鱼的分类首先依据体型，然后是头瘤和背鳍的有无。体型窄长，体长体高体宽类似鲫鱼的，叫做“和金型”；比例接近文鱼或者比文鱼更接近

日本蘭鱗和中国兰寿

球形的，归入“琉金型”；有背鳍有头瘤的属于“狮子头型”；没有背鳍的划为“兰寿型”。

英文的金鱼名称

金鱼在十七世纪最早到达欧洲，是通过澳门输入到葡萄牙。以后传播到法国、英国和欧洲其他国家。和东方国家不同，欧洲最早认识金鱼，从当时西方盛行的博物学角度，习惯性地把金鱼当做一个物种来认识。这种认识根深蒂固，直到现在仍然影响着西方对金鱼的看法。

最早的英文名称采用中文“金鱼”的意译“Gold Fish”。那时候欧洲人并不知道中国金鱼的产生背景和诸多品种。在1764年出版的《HISTORIAM NATURALEM》（Vol.1）中，有JAMES PETIVER绘制于1711年的金鱼形象，这是西方的第一幅金鱼图。书中相应的名称为“China Silver-Tail”和“Chian Gold-Tail”。

1772年，由法国传教士“Kao”（北京人，姓高）在中国完成了一幅长卷，1774年邮寄到法国，伴随长卷的，还有一本手稿，记录了92条中国金鱼。1861年出版的《中国金鱼自然史》（HISTOIRE NATURELLE DES DORADES DELA CHINE）介绍了这幅长卷，以后的英文、法文、德文等有关金鱼的欧洲书籍，都会提到这幅长卷。这幅长卷及其附带的手稿，成为欧洲人理解金鱼的起点。手稿中除了使用“Jin-yü”以外，还记录了七个当时中文名称的发音：“Ya-tan-yü”（鸭蛋鱼）、“Lung-ching-yü”（龙睛鱼）、“Shui-yü”（睡鱼）、“Ch’ü-t’ou-yü”（屈头鱼或筋斗鱼）、“Nü-érh-yü”（女儿鱼或者女神鱼）、“Wén-yü”（文鱼）。其中有些名字可能代表了畸形但在中国被认为是不同品种的金鱼。这些名称可能是因为当时欧洲并没有相应的活体金鱼而没有被广泛使用。

JAPANESE GOLDFISH

THEIR VARIETIES AND CULTIVATION

A PRACTICAL GUIDE TO THE JAPANESE METHODS OF GOLDFISH CULTURE
FOR AMATEURS AND PROFESSIONALS

BY HUGH M. SMITH
UNITED STATES DEPUTY COMMISSIONER OF FISHERIES
President of the American Fisheries Society, 1907-8
Secretary-General of the Fourth International Fishery Congress, 1908
Fellow of the American Association for the Advancement of Science
Member of the Washington Academy of Sciences, Biological Society of Washington, etc.
Honorary Member of the Imperial and Royal Austrian Fishery Society
The Imperial Russian Society of Fish Culture and Fishing
The Salmon and Trout Association of Great Britain, and
Corresponding Member of the German Sea Fishery Society

WASHINGTON
W. F. ROBERTS COMPANY, PUBLISHERS
1909

The original home of the fish was China. Authorities do not appear to be in accord as to whether the species was native to Japan, where it is now widely distributed, and it may be that this point may never be conclusively determined.

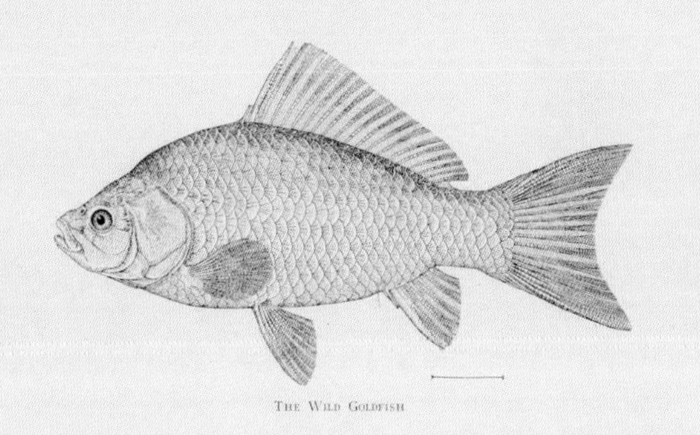

THE WILD GOLDFISH

16

金鱼是人工驯化培育的鱼类品种，在中国，所有的金鱼都是人工的，并不存在“野生金鱼”。西方对金鱼的认知基于“物种”，因此他们认为存在“野生金鱼”。
1909年美国渔业委员会 Hugh M. Smith 的著作《Japanese Goldfish: There Varieties and Cultivation》中，有“Wild Goldfish”。

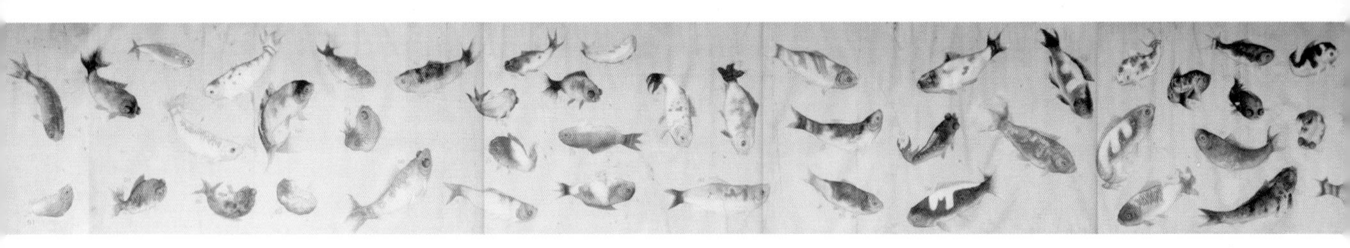

1772 年法国传教士在中国完成的金鱼长卷，记录了 92 条金鱼，并附有一本备忘录。

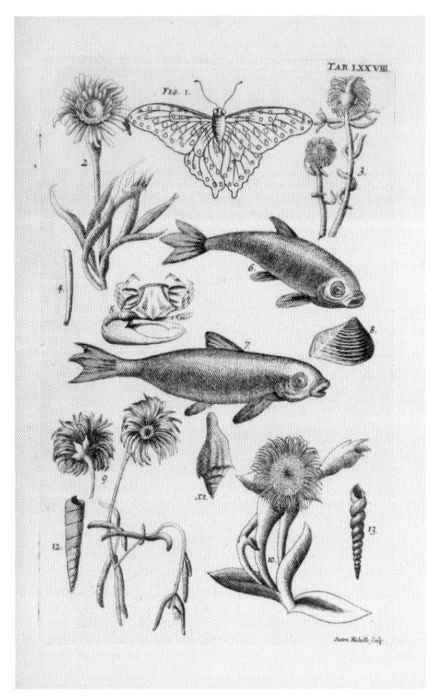

英国最早的金鱼图由 JAMES PETIVER 于 1711 年刻绘

1935 年德文书籍复刻的 1772 年画卷

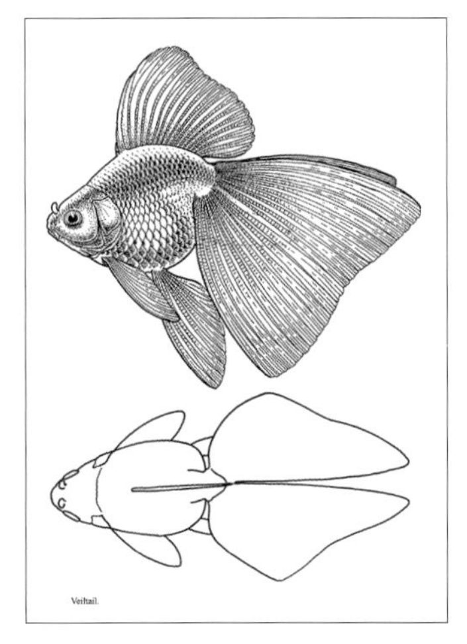

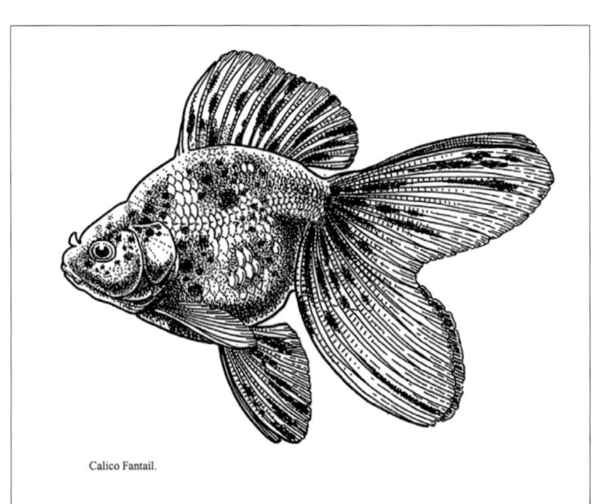

Veiltail 和 Fantail

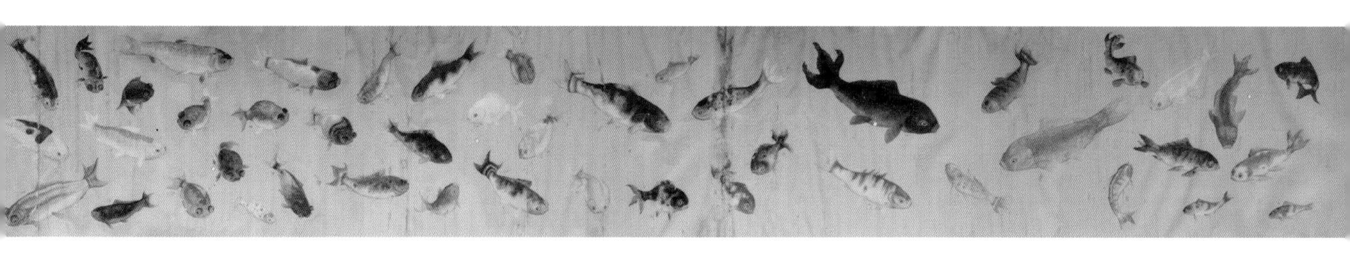

现代生物分类学的奠基人林奈在1758年第十版《自然系统》中把金鱼纳入到动物分类系统，命名为Cyprinus auratus（Linne.1758）。1842年Nilsson创立了单独的鲫属，把金鱼归入鲫属，学名“Carassius auratus”和鲫鱼相同。有趣的是林奈在命名“Cyprinus auratus”时所用的模式标本是金鱼，拉丁文名称“Cyprinus auratus”的本意就是“色彩缤纷的三尾鱼类”，之所以后来改为“Carassius auratus”，是因为“Cyprinus”指鲤属，而金鱼的亲缘关系和鲫鱼更近，因此归入了鲫属，和鲫鱼同名。

1989年，英国在原来的“中部金鱼养殖者协会”（Association of Midland Goldfish Keepers，AMGK）、“布里斯托金鱼协会”（Bristol Aquarists Society，BAS）、“东北部金鱼协会”（North East Goldfish Society，NEGS）、“北方金鱼和池塘管理者协会”（North Goldfish & Pond Keepers Society，NGPS）四个爱好者协会的基础上，成立了“全英金鱼协会”（Nationwide：Goldfish Society UK，NGS）。每个会员协会派出三名代表，于2016年共同讨论制定了《英国全国金鱼标准》。这份标准给英国金鱼规定了6类20种标准模式品种：

第一类：长身，单尾，包括“一般金鱼（Common Goldfish）”、“伦敦朱文金（London Shubunkin）”、“布里斯托朱文金（Bristol Shubunkin）”和“彗星（Comet）”四种；

第二类：长身，短尾，双尾，包括“地金（Jikin）”、“和金（Wakin）”两种；

第三类：圆身，中/短尾，双尾，包括“文鱼（Fantail）”、“珍珠鳞（Pearlscale）”、“琉金（Ryukin）”三种；

第四类：圆身，长尾，双尾，包括“裙尾（Veiltail）”、“龙睛眼（Moor）”、“牛角眼（Globe eye）”、“狮头（Oranda）”、“鹤顶红（Redcap）五种”；

第五类：圆身，长反转尾，双尾，包括“土佐金（Tosakin）”；

第六类：中长身，没有背鳍，短尾，双尾，包括“狮子头（Lionhead）”、“兰寿（Ranchu）”、“水泡眼（Bubble-Eye）”、“望天（Celestial）”、“绣球（Pom-Pon）”五种。

这些名称中，“Shubunkin”来自日文“朱文金”的发音，是在朱文金的基础上进一步培育、细分出来的三个品种，其中布里斯托朱文金和伦敦朱文金出自英国，彗星朱文金是以日本朱文金为基础，唯一在美国培育出来的金鱼品种。“Jikin”、“Wakin”、“Ryukin”、“Oranda”、“Ranchu”、“Tosakin”直接来自日本金鱼名称；“Pearscale”、“Redcap”、“Bubble-Eye”、“Celestial”、“Pom-Pon”是对中国金鱼名称的意译。“Lionhead”归入第六类蛋种金鱼，这和中国原本对狮子头的定义相同，也是源于中国。

对于龙睛，日本的金鱼命名中并没有进行细分，中国各地有细分的现象，如“算盘珠眼”（眼球进一步膨大，俯视呈鼓形）、“电灯泡眼（角膜进一步凸出，呈半球状）”、“牛角眼（眼球进一步延长，末端变细，接近圆锥体）”等。英国金鱼对龙睛的分类并没有和中国的分类方法一一对应，名称的中文翻译是含义接近的意译。其中，“Moor”是早期英文中“裙尾黑龙睛”的名称，“Globe-Eye”是英国特有的分类和命名。“Fantail”和“Veiltail”是英文中最早根据尾鳍长度和形态区分金鱼品种的名称，分别指中短尾的文鱼和长尾中裙尾的文鱼。这是直接诞生于英文中的名称。“Common Goldfish”指中文中的“短尾草金”。

2018年，NGS增加了“Butterfly”这一标准模式品种，这是中国金鱼中“龙睛蝶尾”被西方金鱼爱好者接受和认可的标志。龙睛蝶尾是中国金鱼中演化程度很高的品种，对头、眼、身、尾都有严格的要求，一直是中国金鱼的代表品种，也是金鱼形象出现在各种周边产品上最多的品种。

金鱼十九世纪进入美国，保留在美国鱼类和渔业委员会（the U.S. Commission of Fish and Fisheries）现在的国家海洋渔业局（the National Marine Fisheries Service）的池塘里，并进行了繁殖。从1884年到1894年，巴尔的摩或华盛顿特区的居民，并写信给美国鱼类和渔业委员会，就能够得到赠送的金鱼。在这个赠送计划停止之前，每年约有2万人被赠送。金鱼在美国引起轰动，是1893年，为了纪念哥伦布发现新大陆400周年，在伊利诺斯州芝加哥市举办的世界哥伦布博览会。这是日本第一次参加世界博览会。为了向西方充分展示日本古老而优雅的文化，日本建造了水族馆，并展示了350条金鱼，从此，金鱼广为北美所知。

美国的语言文化和英国同源，因此美国金鱼协会和英国金鱼协会关系密切，美国对金鱼的认知和名称和英国基本类似。特别地，在美国鱼类和渔业委员会

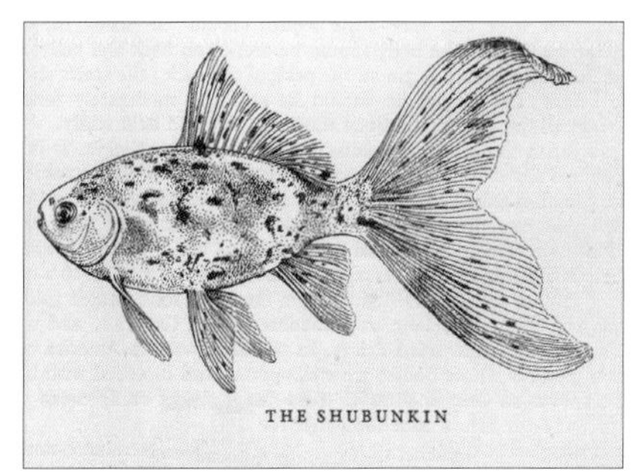

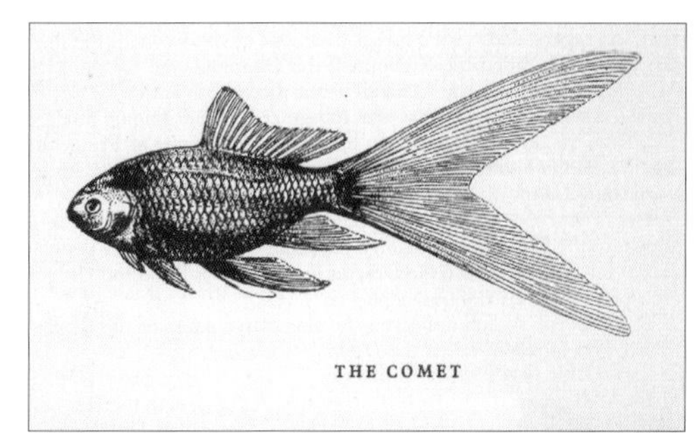

Moor、Shubunkin 和 Comet
1948, The Goldfish, Batchworth Press LTD., G.F.Hervey and J.Hems

的池塘里，管理者选育出鲫鱼体型，尾鳍上下两叶进一步延长的“彗星金鱼（Commet）”，由于是基于来自日本的朱文金（Shubunkin）培育的，因此全名称为“Commet Shubunkin”，这是到目前为止，唯一在美国培育出的金鱼品种。

由于文化背景不同，在西方对金鱼认识的历史渊源延续下，西方和中国、日本对金鱼的理解是不同的。在中国，金鱼基于人工养殖和选育，有人文内涵，虽然金鱼和自然界的鲫鱼没有生殖隔离，偶然回到自然以后可能和鲫鱼产生后代而返祖，但这样产生的后代即使颜色不同，也不能称为“金鱼”。西方观点是金鱼如果回到自然以后和天然鲫鱼杂交后产生后代也是金鱼，只不过是野生的。这和中国理解的“人工培育的鱼类品种”不同，西方人认为存在“野生金鱼”。在中国，“金鱼”是指人工培育的鱼类品种而不是自然“物种”，是没有野生的。

事实上，金鱼经过近千年的人工选育，其形态、颜色已经不适合争食、避敌，很难在自然竞争中获得生存机会，只有经过杂交返祖后才有可能对自然物种生态产生影响。因此，“金鱼”并不是目前西方人认为的“环境杀手”，目前在欧洲和北美大量繁殖、破坏生态环境的“Carp”并不是“Goldfish”，即使是金鱼和野生鲫鱼杂交后，产生后代而影响生态环境的可能性也很小。

金鱼的颜色

虽然文献记载里关于金鱼始祖的颜色有各种描述，但后来被人工选育成为金鱼的，最主要的是红黄色鲫鱼。对于金鱼颜色的表现原理，前人的研究大多是从鳞片的透明性角度。金鱼的鳞片大致可以分为两类，金属光泽鳞片（金属鳞、硬鳞）和透明鳞片（透明鳞、软鳞）。从鱼的全身角度，有金属鳞（硬鳞）和透明鳞（软鳞）之分。两者之间，有的鱼身体上既有硬鳞也有软鳞的，称为马赛克透明鳞（闪鳞）。珍珠鳞虽然鳞片中心隆起呈半球状，但鳞片四周仍然是透明的，鱼的颜色通过透明部分呈现。

硬鳞鱼的鳞片上分布有色素，鳞片下有一层具有反光性的鸟嘌呤，通过透明鳞片呈现出带有反光的金属色。

对颜色的描述，中国和日本、英美的描述有所不同。中国对金鱼颜色的描述中，从橙红到红色，中国统称为“红”，只是“红”的程度不同，进一步有“硃砂红”，当代有“鸡血红”等；橙黄色到乳黄色，统称为“黄”。英文也是用类比的方法，黄色称为“Lemon”，中国统称的”红色“在英文中被区分为橙色“Orange”和红色“Red”。

中国金鱼中皮肤下的“蓝”，日文中称为“浅葱”；中国的“紫”色金鱼日本称“茶色”，英文中则称为“Chocolate”。目前中国金鱼的颜色越来越丰富，金鱼商为了促销，从单一颜色的类比发展到颜色组合的类比命名，如“重墨”（指三色或五花颜色中，黑斑深厚而且分布面积大）、“水墨色”（指白底上面，黑色或红色斑块，边缘模糊，整体看起来像中国的水墨画）、“奶牛色”（白色底色上黑色斑块，色块边缘清晰，整体看起来像奶牛的颜色）等等。日本金色除了直接描述颜色以外，颜色名称还包括颜色的分布，如“白胜更纱”“红胜更纱”（指以白色为主或红色为主的透明鳞颜色）、“鹿子”（指斑点状花纹）、“樱色”（原指透明鳞白底色上有红色碎斑红色块，现在逐渐放宽为透明鳞白底色上有红色斑块，双色的组合，有黑白、红白、红黑、紫蓝等；三色的组合，以红、白、黑三色为主；五花则除了红黄黑白以外，特别重视蓝色。英文中五花则统一用“Calico”。

总之，金鱼的基本颜色是红黄蓝白黑紫，不同颜色相互组合成两色、三色和五色。

金鱼的品种分类经历过根据颜色命名品种的阶段，因此历史上颜色曾经是金鱼的分类依据。随着金鱼形态变化增加，对金鱼品种的辨别以及分类，逐渐过渡到以形态区别为主，本书采用根据形态对品种进行分类的方式。中国金鱼的品种名称通常采用“颜色加品种加其他特征”的三段式，但由于颜色的界定往往很模糊，中间状态很多，不便于辨认和欣赏，因此本书中的中文名称沿用习惯的中文命名方式，英文名称则把鱼的颜色在名称以外另列。以使读者更加简单识别金鱼品种。

单色

红
Red

黄
Lemon

红
Orange

黑
Black

蓝
Blue

白
White

紫
Chocolate

青
Darkkhaki

透明鳞红
Glass Red

双色

红白
Red & White

红黑
Red & Black

黑白（水墨）
Black & White (Wash Painting)

黑白（熊猫）
Black & White (Panda)

紫蓝
Chocolate & Blue

雪青
Darkkhaki & Blue

三色

三色
Three Color

五花

五花
Calico

金鱼的种类

关于金鱼的种类，众说纷纭。即使是金鱼“品种”这一概念，目前也还没有一个清晰的界定标准。因为是人工繁育的，人们可以在金鱼的后代中仔细观察，保留每一个与以往见过不同的个体，人们又很愿意给某一个单一个体命名，如果一个名称对应一个品种，那么可以说金鱼的品种是无限的，这给初入门者造成了困扰。

本书旨在为普通读者提供一个简单认识金鱼的方法。同时，让暂时还没有饲养金鱼的人有机会通过图片欣赏金鱼的美，因此在前人的基础上，把没有清晰界定标准的颜色特征排除，对金鱼进行分类，列出了两类十四组共五十二种金鱼。

文鱼类 - 有背鳍

文鱼类群的特征是有背鳍。

根据体型、头瘤、眼、鼻膜、鳞片和尾鳍的形态，对类群中的种类细分。

体型包括狭长接近鲫鱼的体型，直到体宽、体高接近体长的接近球形的体型，以及两者之间的各种中间形态。

头瘤包括均匀发达的狮头型；颊瘤向吻端发展的龙头型；顶瘤特别发达，分块的高头型；顶瘤特别发达而鳃瘤、颊瘤不发达的鹅头型；以及顶瘤发达，

囊状不分块的皇冠型。

眼包括凸出头部轮廓以外的龙睛眼；眼下增生出囊状水泡的蛙眼、水泡眼等。

鼻膜则根据是否特化成绣球状区分出绣球类品种。

鳞片包括鳞片的排列和鳞片是否特化成珍珠状。

尾鳍包括上下两叶的单尾、三页的三尾、中间分开，每边又分两叶的四尾。尾鳍中，尾叉的深浅、尾鳍的长短、展开时尾鳍左右两端的距离等都是区分金鱼品种的特征。

本书中，文鱼类共七组三十种。

鲫形组

身体狭长，体长、体高、体宽比例接近鲫鱼，无头瘤，眼和鳞片无变异。单尾或双尾

1. 短尾草金 Common Goldfish ST

中国把鲫鱼体型，单尾，无头瘤、正常眼的金鱼统称为草金。尾鳍长度类

短尾 ST（Short Tail）和长尾 LT（Long Tail）的比较

似鲫鱼的，称为“短尾草金”，尾鳍长度明显长于鲫鱼的，称为“长尾草金”。

常见草金的颜色有红 Red、白 White、红白 Red & White、黄 Orange、黑 Black、五花 Calico，近年新培育出了柠檬色 Lemon。其中，黑色草金和其他颜色的草金不同，根据有些体有触须的特征判断，黑草金有鲤鱼的血统。

短尾草金俯视（示体宽和体长的比例以及尾长和体长的比例）

花短尾草金 Common Goldfish ST（Color：Calico）

白短尾草金（银鱼） Common Goldfish ST（Color：White）

黑短尾草金　Common Goldfish ST（Color：Black）

红白短尾草金 Common Goldfish ST（Color：Red & White）

2. 长尾草金（彗星） Common Goldfish LT（Comet）

彗星是在美国培育出的金鱼品种，和中国的“长尾草金”类似，常常和“长尾草金”名称混用。尾鳍上下两叶鳍棘极度延长。由于是基于朱文金，因此彗星的基础品种为五花。

彗星的常见颜色有红 Red、黄 Orange、花 Calico。

类似彗星的红长尾草金 Common Goldfish LT（Color：Red）

类似彗星的黄长尾草金
Common Goldfish LT (Color：Lemon)

花长尾草金 Common Goldfish LT (Color：Calico)

3. 布里斯托朱文金 Bristol Shubunkin

朱文金 シュブンキン Shubunkin，日本人将中国输入的五花龙睛和日本本土的鲫鱼杂交，选择单尾五花的鲫鱼体型个体加以稳定。1892 年由东京第一代金鱼商秋山吉五郎做出，1900 年发表。实际上，中国五花草金的历史从宋朝的“玳瑁鱼”就已开始，是金鱼最初的品种之一。透明鳞五花草金的来源是金鱼起源阶段需要研究的课题之一。朱文金通过国际贸易到达英国时，首先抵达港口城市布里斯托（Bristol），被英国金鱼爱好者饲养和选育，命名为布里斯托朱文金 Bristol Shubunkin。

和日本朱文金以及美国的彗星不同的是，布里斯托朱文金除了鲫鱼形的狭长体型、单尾鳍，头身均保持原有朱文金特点，无变异，布里斯托金鱼协会的指定特征为心形的尾鳍和身体的蓝色底色。

伦敦朱文金和布里斯托朱文金的区别在于，伦敦朱文金要求体高比布里斯托朱文金体高更高，大于等于体长的 40%，后者要求大于等于体长的 35%，尾鳍为中短尾。这一标准在英国金鱼协会执行，用于英国的金鱼比赛。

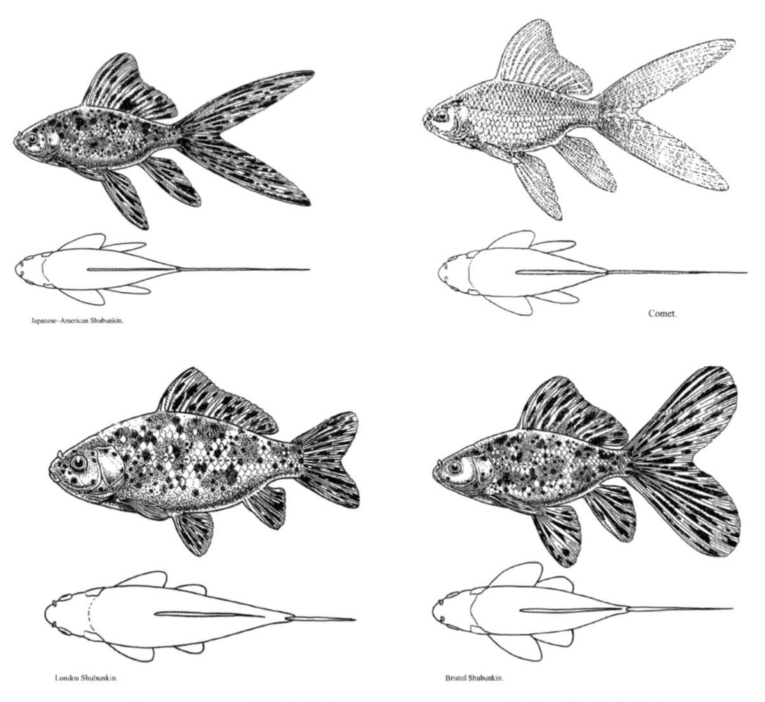

朱文金 Shubunkin、彗星 Comet、伦敦朱文金 London Shubunkin 和布里斯托朱文金 Bristol Shubunkin

布里斯托朱文金 Bristol Shubunkin

4. 寿惠广锦 Suehironishiki

日文名称写做“壽惠廣錦 スエヒロニシキ”。布里斯托朱文金的衍生品种。英国的布里斯托朱文金重新输入日本以后，日本人以”上下尾叶 之间的凹陷更浅”为目标，把单尾培育成扇形以后出现的品种。这个品种的基础是布里斯托朱文金，因此绝大多数都是蓝底色五花的， 很少红黄单色个体。近年引进中国以后，潮汕地区的金鱼培育者在保持原来品种特征的基础上，培育出了更多颜色。

寿惠广锦的作者是日本大阪人氏岩永胜己，他以英国布里斯托朱文金为基础，根据自己独特的审美观做出日本式雅致的文魚。这个品种目前仍在不断改良中。因为作者的理想是做出扇子形状的尾鳍，所以用日本扇舞的扇子“寿惠广（siehiro）”命名。

5. 和金 Wakin

鲫鱼体型，尾鳍分叉尾三叶或四叶。在中国培育出来以后，十六世纪初输出到日本的金鱼品种。原本在中国已经消失，后重新自日本输入。因为是在日本饲养时间最久的金鱼，被日本人误认为是日本本土金鱼，因此称为“和金”。

日本的“ワキン”还包括上下两叶的单尾鳍（中国称草金）。同时，日本把体型狭长的金鱼品种归入和金型金鱼类。这种原始形态的金鱼回到中国以后，延用了日本的名称“和金”，特指四叶开尾，尾鳍水平展开的鲫鱼体型金鱼，这与日本原本意义上的和金不同。

和金的基本型为红，红白，后来出现了五花和金。

1908 年松原幸之助发表的论文 Goldfish and Their Culture in Japan 中，J.Urata 绘制的和金图

红白和金 Wakin (Color: Red & White)

花和金 Wakin（Color：Calico）

花和金 Wakin（Color：Calico）

6. 地金 Jikin

鲫形体型，尾鳍四叶，和身体轴线方向垂直，称“孔雀尾”。源于和金的变异，做成于日本爱知县，是爱知县天然纪念物。目前在中国已经形成了稳定的种群，中国地金开始有了自己的特点，特别是基于中国丰富的金鱼遗传资源，已经培育出了五花地金。

花地金 Jikin（Color：Calico）

红白地金 Jikin（Color：Red & White）

文鱼组

体高、体宽和体长的比例较鲫鱼明显变大，

无头瘤，眼和鳞片、鼻膜内无变异。单尾或双尾

中国古文中“文”通“纹”，文鱼的名称最早见于公元 222 年三国时期曹植所作的《洛神赋》。但那时的“文鱼”含义和金鱼种类中的文鱼不同。文鱼是最早出现的金鱼品种之一。当金鱼完成了双尾和体型的变异，就形成了文鱼。文鱼是早期金鱼最为常见的品种。

1. 文鱼 Fantail

蓝文鱼 Fantail （Color：Blue）

花文鱼 Fantail　(Color：Calico)

2. 燕尾琉金 Ryukin

琉金源于中国的文鱼。十六世纪文鱼传播到琉球王国后，在琉球王国被饲养选育。早期的琉金体型延续了文鱼的体型，尾鳍中长到长，尾叉深。文献记载，早期的琉金尾叶除了四叶以外，还有五叶、七叶等。从琉球王国传播到日本后，逐渐稳定为四叶燕尾，体高进一步发展，接近体长。

红燕尾琉金 Ryukin (Color: Red)

3. 短尾琉金 Ryukin ST

琉金在 20 世纪 80 年代被引入中国，在中国进一步发展，尾鳍变形，出现了短尾琉金、宽尾琉金。琉金有金属鳞、透明鳞、马赛克透明鳞各种鳞片，颜色除了黑色外，几乎所有金鱼的颜色都能在琉金中找到。

短尾琉金：体高约等于体长，尾长小于二分之一体长。

红短尾琉金
Ryukin ST (Color: Red)

白短尾琉金 Ryukin ST（Color：White）

青短尾琉金 Ryukin ST（Color：Darkkhaki）

紫短尾琉金 Ryukin ST（Color：Chocolate）

红白短尾琉金 Ryukin ST（Color：Red & White）

黑白短尾琉金 Ryukin ST (Color: Black & White)

樱花短尾琉金 Ryukin ST（Color：Sakura）

红黑短尾琉金 Ryukin ST（Color：Red & Black）

红黑（虎纹）短尾琉金 Ryukin ST（Color：Tiger）

三色短尾琉金 Ryukin ST (Color: Three Color)

五花短尾琉金 Ryukin ST（Color：Calico）

4. 宽尾琉金 Ryukin BT

尾鳍展开时，左右两端之间宽度大于体宽。宽尾琉金是上世纪八十年代由东海水族公司育成。

红宽尾琉金 Ryukin BT（Color：Red）

白宽尾琉金 Ryukin BT（Color：White）

红白宽尾琉金 Ryukin BT（Color：Red & White）

红黑（包金）宽尾琉金 Ryukin BT（Color：Orange & Black）

雪青宽尾琉金 Ryukin BT (Color: Darkkhaki & Blue)

黑白宽尾琉金 Ryukin BT（Color：Black & White）

紫蓝宽尾琉金 Ryukin BT (Color: Chocolate & Blue)

三色宽尾琉金 Ryukin BT（Color：Three Color）

5. 土佐金 Tosakin

头部、体型都基本与琉金一致，三叶尾，尾鳍左右两端反翘。是日本高知县天然纪念物。除了尾鳍以外，土佐金和宽尾琉金十分相似，从中看到金鱼在中国和日本同时被选育，选育方向不同，最后形成了不同的品种。

尾鳍末端反卷一般要到二龄以上，需要在小型圆钵中慢慢饲养。

目前中国大陆比较少严格按照条件培育，台湾省有专门的土佐金爱好者协会。

6. 玉鲭（单尾琉金）Tamasaba

日本在和金中留取选育出的单尾品种。做出地日本越秀地方，对玉鲭的定义是琉金体型，单尾燕尾型尾鳍，红白色。在中国的琉金中，有时也会出现单尾个体，其中单尾鳍和单臀鳍端正的会被保留下来。虽然中国的单尾琉金和日本的玉鲭血统不同，尾型也不同，中国的单尾琉金有更多的颜色。作为琉金体型单尾的品种，本书把玉鲭和单尾琉金归入一类，沿用“玉鲭”的名称，但含义已经和日本的名称“玉鲭”有所不同，类似中文和日文名称中的“琉金”、“狮头”的情况。

玉鲭（单尾琉金）Tamasaba （Color：Red & White）

玉鲭（单尾琉金）Tamasaba （Color：Red & White）

龙睛组

眼凸出头部轮廓外

龙睛，是培育自中国的金鱼大类。大约出现在明朝。特征是眼球突出于头部轮廓范围以外。因为中国独特的龙图腾文化而被人们普遍喜爱。

龙睛在中国有许多细分种类，如龙睛、球体龙睛、算盘珠眼龙睛、灯泡眼龙睛、牛角眼龙睛等等。结合身体其他部位的变异，还有龙睛狮头、龙睛高头（其中黑色的北京称为“黑老虎”）、龙睛鹤顶红、龙睛珍珠等等，随着人们对新奇金鱼的培育，龙睛的品种还在不断增加。

日本把龙睛称为“出目金（Demekin）”。特别地，因为早期输入日本的透明鳞五花金鱼大多是龙睛，所以日本的很多五花类金鱼用龙睛作为亲本杂交做出。

英文中龙睛被称为“Telescope Eyes”，特别地，黑龙睛被称为“Moor”。在全英金鱼协会的分类系统中，除了 Moor 以外，锥形眼球（中国称“牛角眼”）还被命名为“Globe-Eyes”）。

从历史资料看，最早出现的龙睛可能是鲫鱼体型，单或双的短尾。这种类型的鱼今天仍然在龙睛的后代中偶尔出现。

龙睛组的金鱼是形态变化最多的，有些是由龙睛变化而来，有些则是先出现其他品种特征，然后出现眼睛突变被保留下来。或者是人工有意识地杂交，选择想要的特征保留下来，培育出新的品种。因为品种形成的先后和变异来源缺乏可靠的依据，因此在本书里，把所有带有龙睛特征的种类都归入龙睛组，而不考虑血统来源。

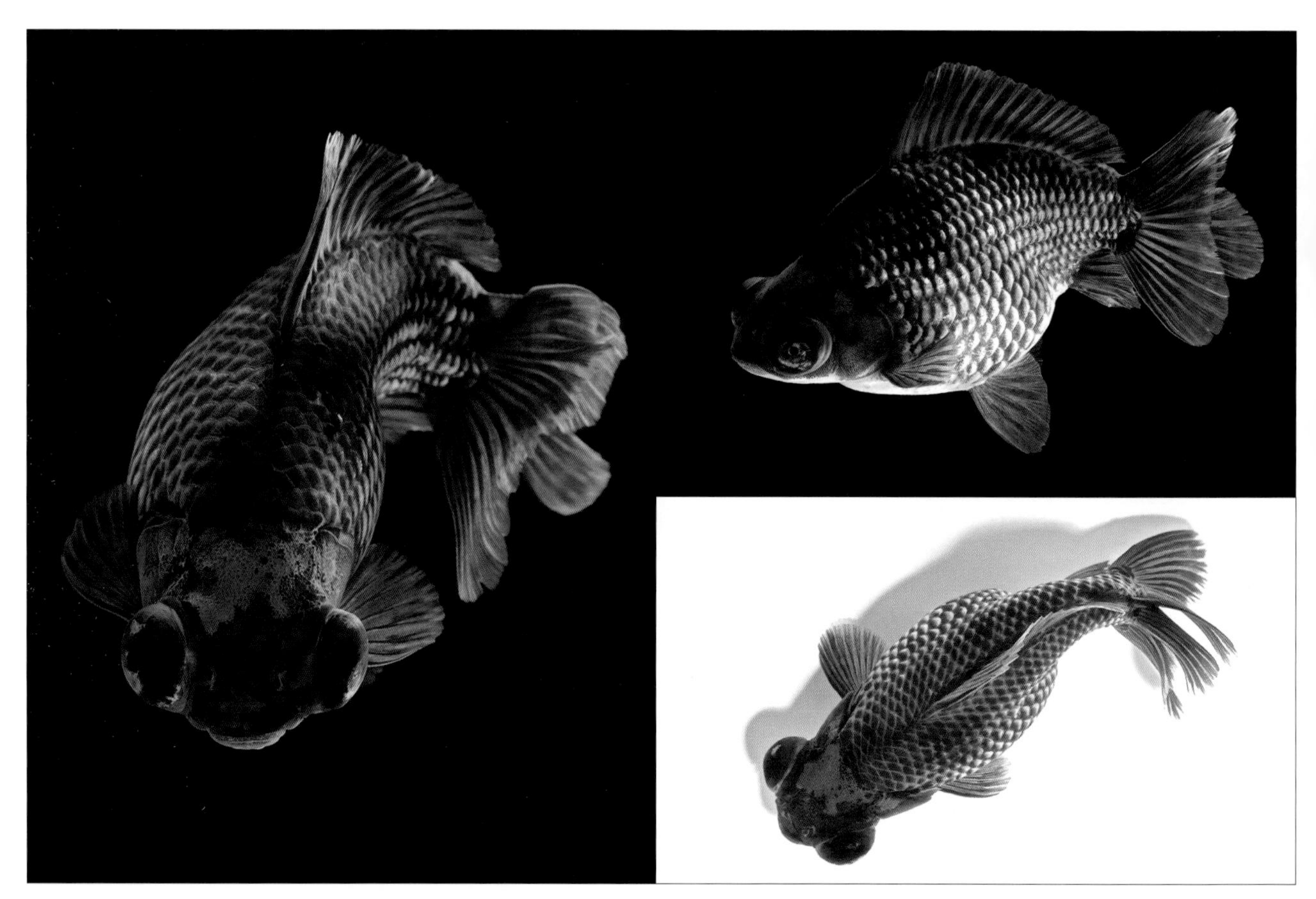

早期龙睛的特征是体型长，尾鳍短

单尾可能也是早期龙睛的特征

1. 龙睛 Telescope

体型保持文种金鱼的基本型，除了眼睛以外，身体其他部分无变异。尾鳍中长，尾长大约是体长的1/2到1倍。普通龙睛目前仍在进行大量生产，“红龙”、“黑龙”是中国金鱼出口贸易中数量最多的品种之一。

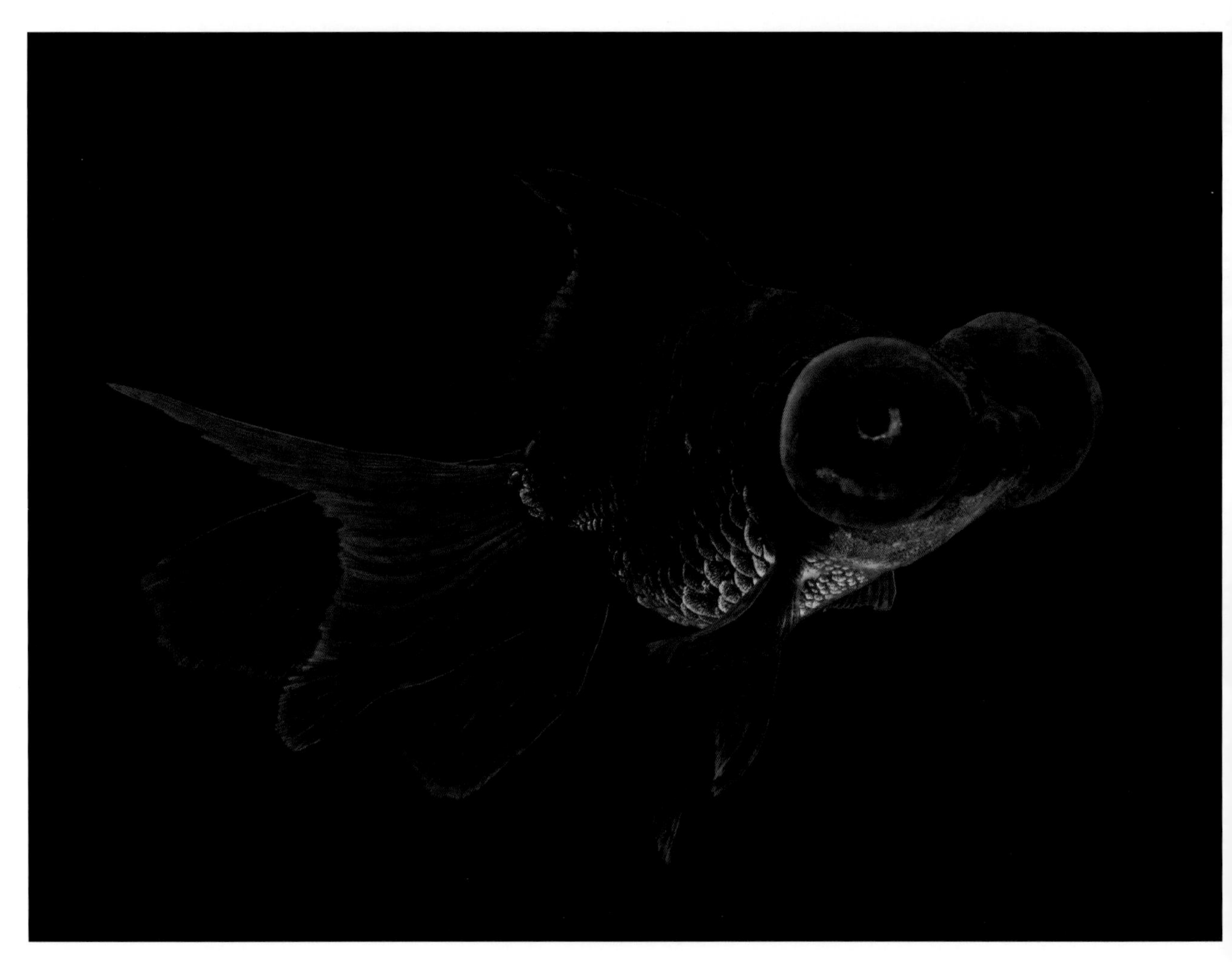

黑龙睛 Telescope （Color：Black）

红龙睛 Telescope （Color：Red）

2. 球体龙睛（出目金） Demekin

体高接近体长，体宽也比琉金进一步膨大，整个身体比例近似球形。球体龙睛在二十世纪初在中国也少量出现，称“球龙”。由于中国金鱼的传统饲养方法是在陶缸或盆里，俯视，因此没有继续发展。日本的龙睛中有一部分源于琉金，接近琉金的体型，随着琉金体型进一步向球形发展，形成了新的品种，命名为出目金，英文写做“Demekin”，现被广泛使用。

黑球体龙睛 Moor （Color：Black）

红黑球体龙睛 Demekin （Color：Red & Black）

黑白球体龙睛 Demekin (Color：Black & White)

三色球体龙睛 Demekin（Color：Three Color）

三色球体龙睛 Demekin（Color：Three Color）

五花球体龙睛 Demekin （Color：Calico）

红黑（铁包金）球体龙睛
Moor （Color：Red & Black）

3. 龙睛蝶尾 Butterfly

在中国，因为传统的金鱼饲养在陶缸、瓷缸、木盆等容器里，欣赏的时候是俯视，因此，中国金鱼依据俯视的要求在人工筛选中演化。龙睛蝶尾是文种龙睛中最具中国特色的品种，各种用品和艺术作品的金鱼形象中，龙睛蝶尾最多出现。国外说的“中国金鱼”一般指龙睛蝶尾。

龙睛蝶尾是在龙睛的基础上，对尾鳍进行选择和培育，最终形成尾鳍的第一鳍棘（俗称“亲骨”）向前侧方延展，前方与体轴的夹角小于等于 90 度，俯视像一只蝴蝶。龙睛蝶尾颜色丰富，几乎全部金鱼的颜色都有。其中，火遍全球的“熊猫金鱼”就是指黑白龙睛蝶尾。一条好的龙睛蝶尾，对头、眼、身、尾都有严格的要求，是中国金鱼培育技艺的集中体现。

红白龙睛蝶尾 Butterfly (Color: Red & White)

红白龙睛蝶尾
Butterfly (Color：Red & White)

黑龙睛蝶尾 Butterfly（Color：Black）

红黑龙睛蝶尾
Butterfly (Color: Red & Black)

红黑龙睛蝶尾
Butterfly (Color: Red & Black)

黑白龙睛蝶尾（熊猫金鱼）
Butterfly (Panda)(Color: Black & White)

三色龙睛蝶尾 Butterfly（Color：Three Color）

三色龙睛蝶尾（麒麟）
Butterfly (Color: Kilin)

二色龙睛蝶尾（麒麟）
Butterfly (Color: Kilin)

花龙睛蝶尾 Butterfly （Color：Calico）

紫白龙睛蝶尾
Butterfly (Color: Chocolate & White)

4. 高头龙睛 Telescope C

在龙睛组中有头瘤的金鱼经常出现。因为颊瘤和鳃瘤在着生位置上和龙睛有一定的冲突，因此具有头瘤的龙睛在挑选时常常会挑选高头型头瘤。这个品种典型的代表是黑高头龙睛，北京称为“黑老虎”。

红黑高头龙睛
Telescope C (Color: Red & Black)

5. 龙睛鹤顶红 Grane TE

龙睛鹤顶红是鹤顶红中演化出的，按照遗传关系属于鹤顶红的变种。因为本书的分类系统中，“龙睛”这一特征在“头瘤”上一层，因此龙睛鹤顶红归入龙睛组。

龙睛鹤顶红 Grane TE (Color: White Body & Red Cap)

6. 龙睛皇冠珍珠 Pearl Scale R/TE

和龙睛鹤顶红一样，龙睛皇冠珍珠是出自皇冠珍珠，遗传关系虽然是在皇冠珍珠之后，但因为龙睛分类特征在珍珠鳞之前，因此归入龙睛组。

红黑龙睛皇冠珍珠 Pearl Scale R/TE

白龙睛皇冠珍珠 Pearl Scale R/TE (Color: White)

红白龙睛皇冠珍珠
Pearl Scale R/TE (Color: Red & White)

红白龙睛皇冠珍珠
Pearl Scale R/TE (Color: Red & White)

五花龙睛皇冠珍珠
Pearl Scale R/TE (Color: Calico)

7. 龙睛绣球 Pompons TE

鼻膜特化为绣球。

红白龙睛绣球和三色龙睛绣球

红白龙睛绣球
Pompons TE (Color: Red & White)

三色龙睛绣球
Pompons TE（Color：Three Color）

黑龙睛绣球
Pompons TE（Color：Black）

五花龙睛绣球 Pompons TE (Color：Calico)

文种头瘤组

眼、鼻膜、鳞片无变异，头部有瘤状凸起

文种有头瘤类群是金鱼中最大的类群之一，细分品种很多，几乎所有金鱼的颜色在这个组中都有。

目前把文种有头瘤的金鱼统称为“狮头”。

“狮头”的名称含义复杂，原因有两个。一是二十世纪以来，名称的内涵发生了变化，二是金鱼的头瘤形态不同，有数种变化。

20 世纪初，中文“狮子头”的含义是头部肉瘤丰满，像狮子，一般指没有背鳍的蛋种金鱼，英文名称为“Lionhead”，这个英文名称沿用至今，在英国的模式金鱼分类中，仍然指蛋种金鱼。典型的蛋种狮头型头瘤将在后面的“猫狮”中看到。

根据形态，金鱼的头瘤在中国传统金鱼中分为狮头型、虎头型、鹅头型、

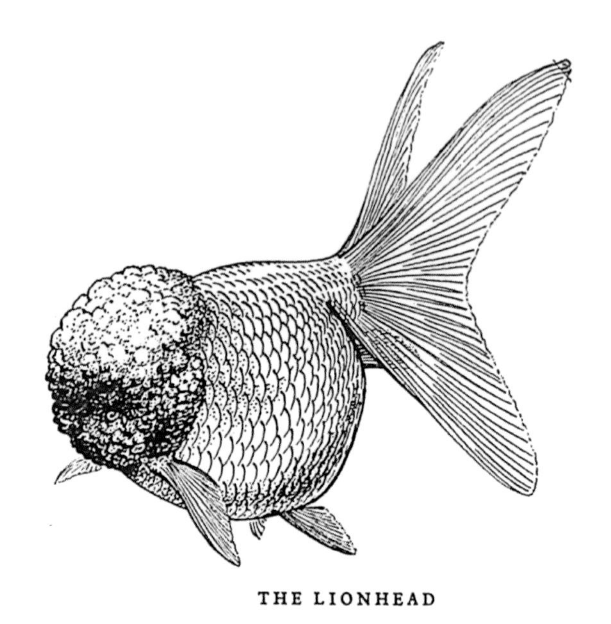

英文文献中“Lionhead”的图示

高头型、皇冠型，日本金鱼进入中国以后，又出现了龙头型。这种分类在英美的金鱼体系中没有。对全世界金鱼品种分类和中国一样也起到重要作用的日本，除了在蘭鋳单一品种中进行细分以外，对文种金鱼的头瘤也没有细分，有头瘤的文种鱼统称为“Oranda”。由于金鱼的头瘤有许多中间类型，细分时难界定，普通人识别辨认需要一定的头瘤形态基础知识。这种情况下，日本的分类方式逐渐流行起来，慢慢成为目前对“狮头”金鱼的共识，被普遍采用。

狮头的头瘤和个体的年龄有关。随着年龄的增长，头瘤越来越发达，但头瘤着生的位置和类型基本保持不变。

2017 年，海峡书局出版的《中国金鱼图鉴》在尊重目前的识别界定方式前提下，根据中国金鱼的分类，对文种有头瘤的金鱼进行了类型标注。本书把特征界定明显的狮头型、高头型、鹅头型、龙头型头瘤的金鱼归入狮头组，便于读者分辨。皇冠型头瘤只在珍珠鳞上出现，因此归入珍珠鳞组。虎头型头瘤与高头型头瘤形态相似，名称易与蛋种的“虎头”名称混淆，因此在文种有头瘤的类型中不采用。

值得一提的是，近年来泰国金鱼养殖异军突起，泰国金鱼以其颜色鲜艳、游泳活泼、适合玻璃缸侧视等特点，深受国内外爱好者欢迎。最初中国从泰国进口时称为“泰国狮头”，简称“泰狮”。中国大量引进后自行繁殖选育，“泰狮”的名称逐渐演化为一个通用金鱼名称，泛指具有泰国狮头特点的狮头金鱼。实际上，这一名称没有明确的界定范围，和整个中国金鱼的命名体系不相符，因此只能作为营销用的名称。

关于头瘤的名称：根据头瘤的着生位置对头瘤命名。着生在头部顶端的肉瘤称“顶瘤”；着生在鳃盖上的肉瘤称“鳃瘤”；着生在眼周围面颊的肉瘤称“鬓瘤、颌瘤”，有的还把颌瘤前端膨大部分称“吻瘤”。本书简化头瘤的名称和分裂，把头瘤分为三部分：“顶瘤”“鳃瘤”与“颊瘤”，便于读者识别。

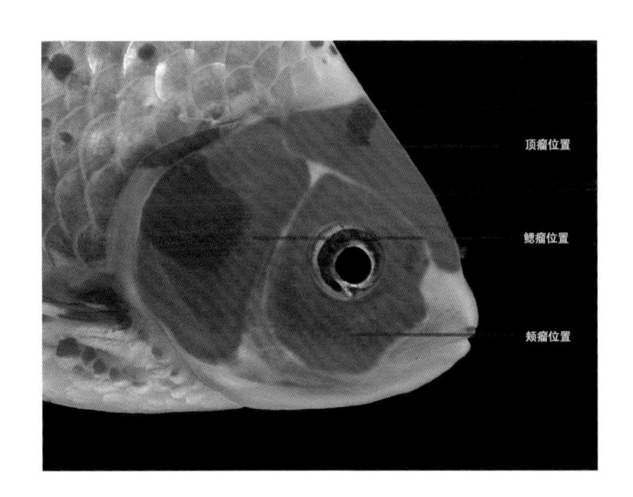

1. 狮头 Oranda

体高、体宽接近体长，身体近似球形。头瘤发达、均匀。眼无变异。

红狮头
Oranda (Color: Red)

红白狮头
Oranda (Color: Red & White)

黑狮头 Oranda（Color：Black）

红黑（铁包金）狮头
Oranda (Color: Red & Black)

红黑（虎纹）狮头
Oranda (Color: Tiger)

黑白狮头
Oranda (Color: Black & White)

黑白（水墨）狮头
Oranda (Color: Red & White)

紫狮头
Oranda（Color：Chocolate）

紫蓝狮头
Oranda（Color：Chocolate & Blue）

三色狮头 Oranda（Color：Three Color）

樱花狮头
Oranda（Color：Sakura）

五花狮头 Oranda（Color：Calico）

五花狮头
Oranda（Color：Calico）

2. 短尾狮头 Oranda ST

近年来新兴起的一个狮头细分品种。尾长小于体长的二分之一。短尾狮头源于狮头，因此也有狮头的各种颜色。短尾狮头主要特征是尾鳍比较短，对头瘤的类型没有细分。

红白短尾狮头
Oranda ST
Color: Red & White

红短尾狮
Oranda ST (Color: Red)

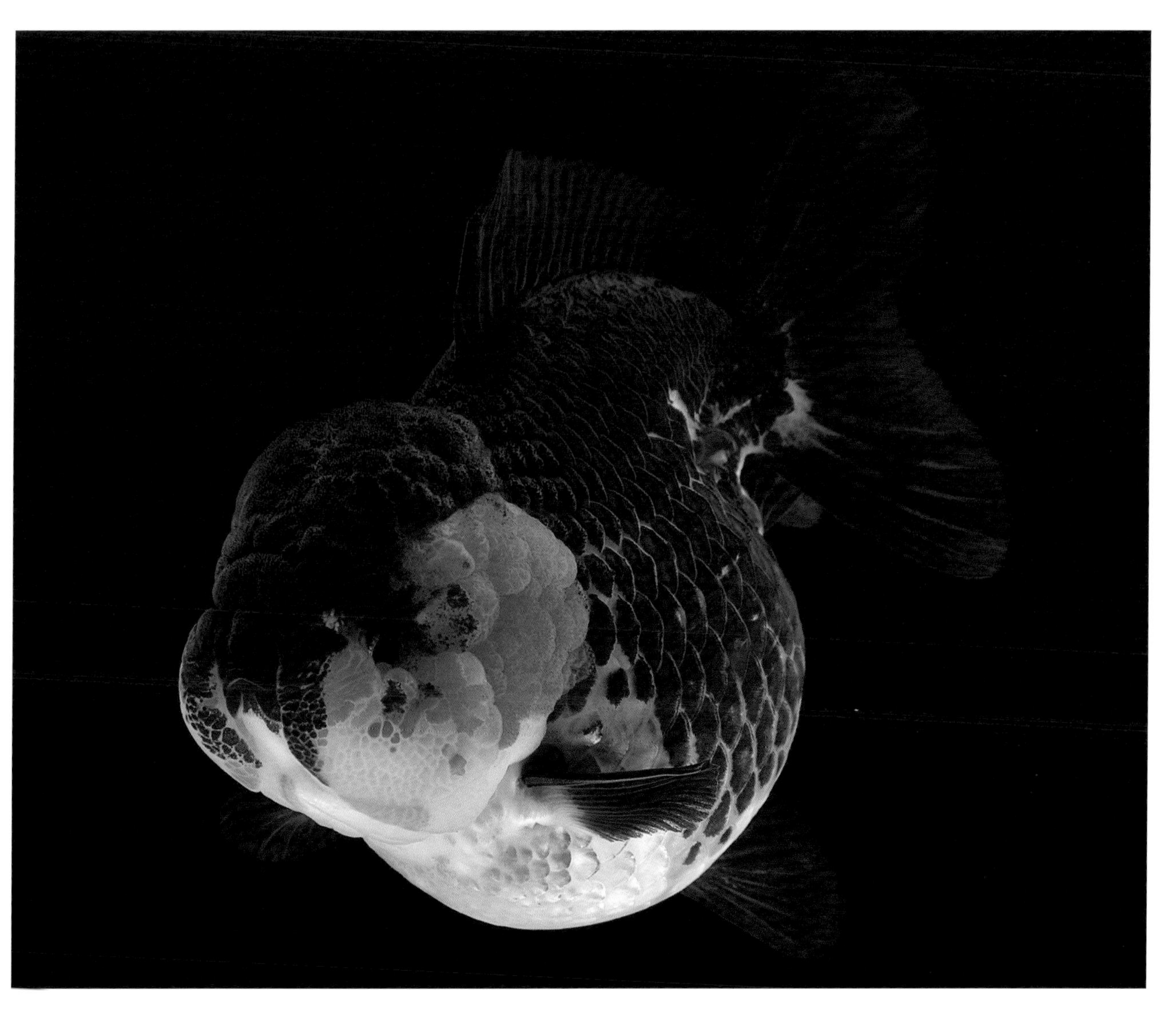

红黑短尾狮
Oranda ST (Color: Red & Black)

红黑（虎纹）短尾狮
Oranda ST (Color: Tiger)

黑白短尾狮
Oranda ST (Color: Black & White)

黑白（白虎纹）短尾狮
Oranda ST (Color: Black & White)

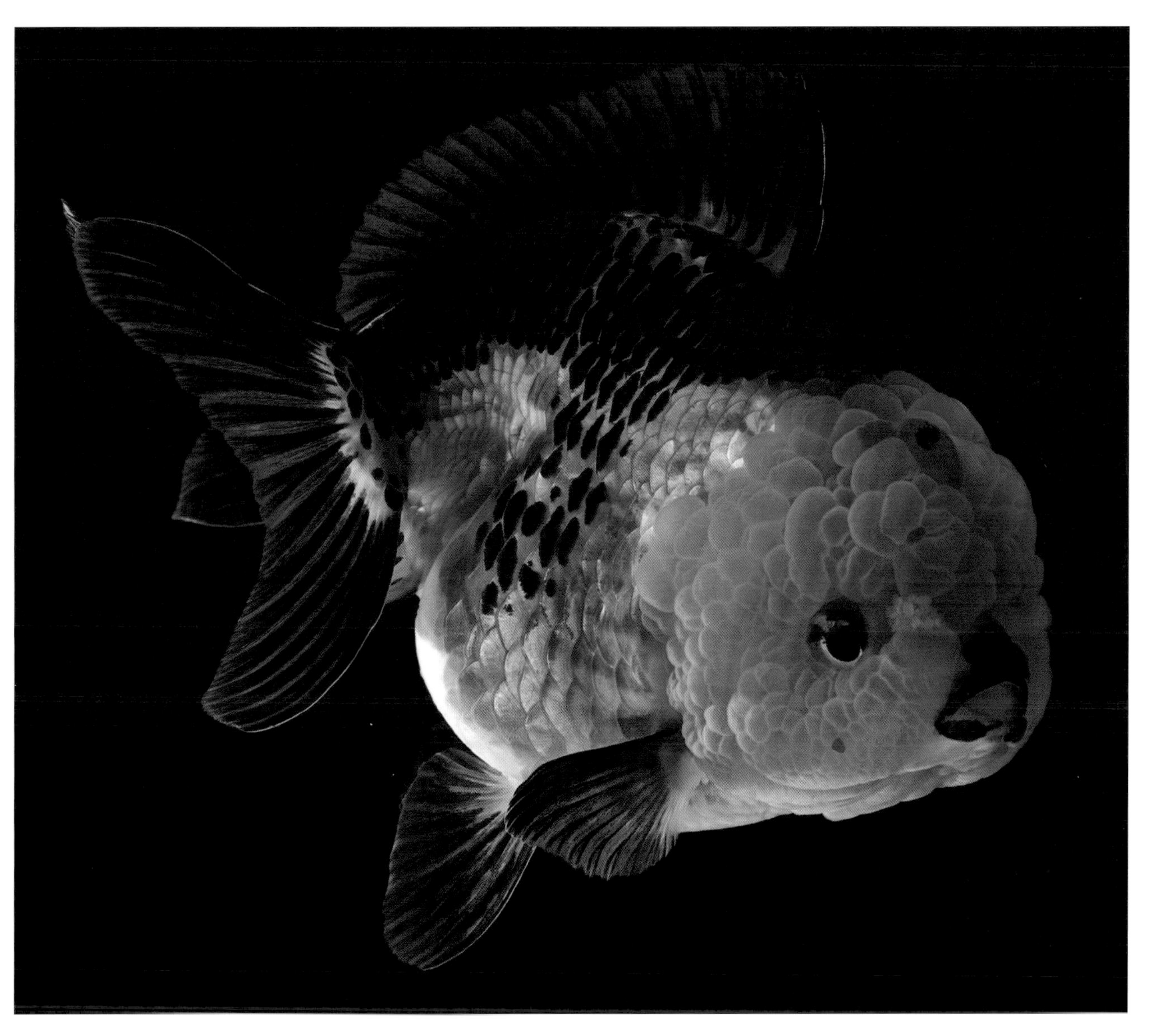

三色短尾狮
Oranda ST（Color：Three Color）

三色水墨短尾狮
Oranda ST（Color：Three Color）

青短尾狮
Oranda ST (Color: Darkkhaki)

樱花短尾狮
Oranda ST (Color: Sakura)

花（水墨）短尾狮
Oranda ST (Color: Wash Painting)

五花短尾狮
Oranda ST (Color: Calico)

3. 高头 Oranda Cap

顶瘤小块堆积，明显比鳃瘤、颊瘤发达，高出头顶。在中国传统金鱼名称里，高头也被称为“帽子”、“堆肉”。

红高头
Oranda Cap (Color: Red)

红白高头
Oranda Cap（Color：Red & White）

樱花高头
Oranda Cap（Color：Sakura）

紫高头
Oranda Cap（Color：Chocolate）

三色（软鳞）高头
Oranda Cap（Color：Three Color）

三色（硬鳞）高头
Oranda Cap（Color：Three Color）

黑高头
Oranda Cap (Color: Black)

红黑高头
Oranda Cap（Color：Red & Black）

五花高头
Oranda Cap (Color: Calico)

五花高头
Oranda Cap（Color：Calico）

4. 凤尾高头 Oranda C/PT

在中国传统金鱼中，尾鳍的选育方向以长尾为主，这和日本以短尾为主的选育方向不同。在尾鳍的分类和命名中，中国传统名称有“燕尾”（指尾叉很深的单尾）、“凤尾”（指尾叉很深的双尾）、“裙尾”（指尾叉很浅的单尾）或双尾等。“凤尾高头”也属于“有背鳍，有头瘤”的“狮头范畴，也归入狮头组。

紫凤尾高头
Oranda Cap PT (Color: Chocolate)

紫凤尾高头
Oranda Cap C/PT (Color: Chocolate)

红白凤尾高头
Oranda Cap C/PT (Color: Red & White)

紫蓝凤尾高头
Oranda Cap C/PT (Color: Chocolate & Blue)

5. 鹤顶红 Crane

在狮头大类中，有一个品种的头瘤形体与其他不同。顶瘤紧密，红色，鳃瘤和颊瘤基本没有。这种头瘤在中国金鱼头瘤分类中称为“鹅头型”，鹅头型文种鱼头瘤红色，身体白色，称为“鹤顶红”，英文名称为“Red Cap”。由于 Red Cap 容易与其他品种中的红头混淆，所以本书中用“Crane”，而不用“Red Cap Oranda”。

鹤顶红在中国历史悠久，特征遗传十分稳定，是中国金鱼的代表品种之一。

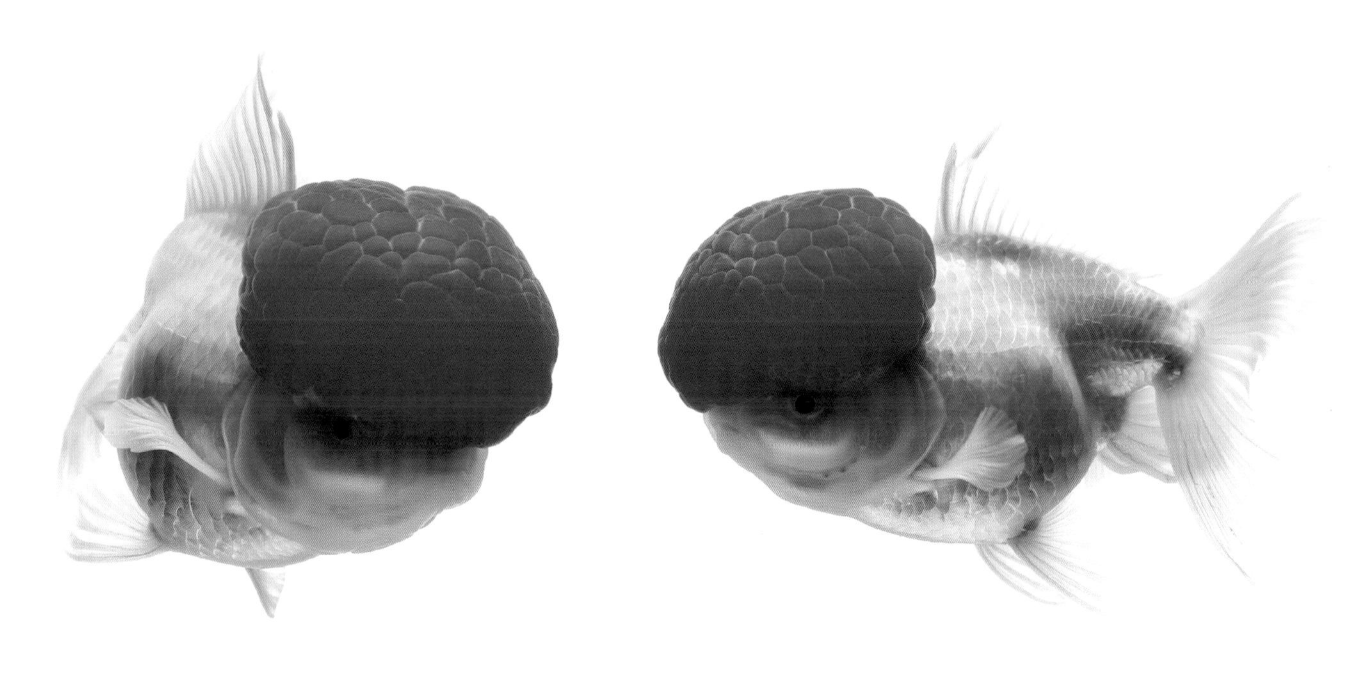

鹤顶红
Crane

鹤顶红
Crane

6. 凤尾鹤顶红 Crane PT

传统的鹤顶红尾鳍长度是体长的二分之一到一倍。和凤尾高头一样，二十世纪九十年代，苏州的金鱼养殖场用红顶凤尾高头与鹤顶红杂交，对后代加以选育稳定，培育出了凤尾鹤顶红。

凤尾鹤顶红
Crane PT

凤尾鹤顶红
Crane PT

7. 东锦 Azumanishiki

东锦培育自日本。在日本，一般东锦指的是类似于中国花狮的金鱼。东锦在日本也有各种品系，其中关东东锦颊瘤向吻前极度发展，是龙头型头瘤的代表，中国引进后又培育出了其他颜色，统称为东锦。中国的东锦虽然沿用了日本的名称，但含义有所不同，相当于日本的关东东锦，颜色更加丰富。

红白东锦
Azumanishiki (Color: Red & White)

三色东锦
Azumanishiki（Color：Three Color）

三色东锦
Azumanishiki（Color：Three Color）

文种水泡眼组

无头瘤、鳞片无变异。眼下增生出囊状水泡

大部分水泡眼为无背鳍的蛋种金鱼，因此水泡眼可能是在蛋种金鱼出现后，直接由蛋种金鱼眼部发生变异而来。这点从繁育经验，蛋种水泡眼中间型蛙眼的存在，以及文种水泡背鳍起点靠后的特征也可以得到证明。因此文种水泡眼用英文“Fantail”加“BE”后缀来命名。而“Bubble Eyes”指蛋种水泡眼。

1. 文种水泡眼 Fantail BE

紫文种水泡
Fantail BE (Color：Chocolate)

紫文种水泡
Fantail BE (Color: Chocolate)

五花文种水泡眼
Fantail BE（Color：Calico）

白文种水泡眼
Fantail BE (Color：White)

黑白文种水泡眼
Fantail BE (Color: Black & White)

绣球组

无头瘤，眼、鳞片无变异。

鼻膜发达，特化为绒球状。绣球在文种和蛋种中普遍存在。

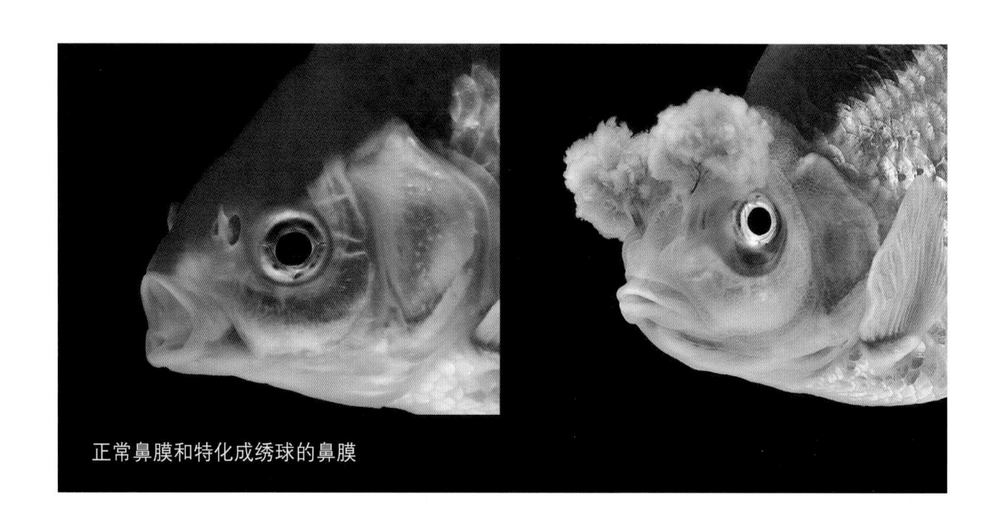

正常鼻膜和特化成绣球的鼻膜

1. 文种绣球 Pompons

紫身红球
Pompons
Color：Chocolate Body with Red Pompons

紫身红球
Pompons
Color：Chocolate Body with Red Pompons

红白绣球
Pompons
Color：Red & White

红白绣球
Pompons（Color：Red & White）

五花绣球
Pompons（Color：Calico）

珍珠鳞组

体型接近球形，无头瘤或具皇冠型头瘤，眼无变异，鳞片中央凸起

珍珠鳞的起源众说纷纭，有说起源于印度，但目前没有找到记载佐证。二十世纪初的文献中记载珍珠鳞最早在广东出现。

珍珠鳞组主要有鼠头珍珠和皇冠珍珠。顾名思义，鼠头珍珠头小而尖；皇冠珍珠头顶有一个不分块的皇冠型头瘤。

1. 珍珠鳞 Pearl Scale

红珍珠鳞
Pearl Scale (Color: Red)

红白珍珠鳞
Pearl Scale (Color: Red & White)

红白珍珠鳞
Pearl Scale (Color: Red & White)

红黑珍珠鳞
Pearl Scale (Color: Red & Black)

黑白珍珠鳞
Pearl Scale (Color: Black & White)

五花珍珠鳞
Pearl Scale (Color: Calico)

2. 皇冠珍珠鳞 Pearl Scale R

头顶隆起囊状的皇冠型肉瘤。

红皇冠珍珠鳞
Pearl Scale R（Color：Orange）

红白皇冠珍珠鳞
Pearl Scale R (Color: Red & White)

红白皇冠珍珠鳞
Pearl Scale R (Color: Red & White)

红黑皇冠珍珠鳞
Pearl Scale R（Color：Red & Black）

黑白皇冠珍珠鳞
Pearl Scale R (Color: Black & White)

花皇冠珍珠鳞
Pearl Scale R (Color: Calico)

蛋鱼类 - 无背鳍

背鳍的消失是金鱼在人工选育条件下形成的特征。数亿年前就已经生活在地球上的鱼类，经过自然进化，几乎都有背鳍。在自然环境中，背鳍和臀鳍协同作用，可以更好地控制鱼游泳的方向和躯体的平衡，同时，背鳍在鱼从前进状态停止的时候，背鳍也会张开，因此具有减速的作用。金鱼在人工饲养条件下，没有了生存竞争和自然选择的压力，游泳的速度和敏捷程度不再是种群延续的要求。

人为选育时偶然出现的背鳍消失被保留下来，作为新奇的品种被不断选育。日本国立文化财研究所保留的翻拍自一幅可能是明宣宗 1429 年所绘图画的底片中，有 42 条无背鳍金鱼的形象。画作的真伪今天已经无从考证。如果画卷是真品，这可能是关于蛋种金鱼最早的记载。在十八世纪法国传教士从中国寄回法国的画卷及附带的笔记中，有蛋鱼的形象和“Ya-tan-yu（鸭蛋鱼）”的名称。从日本的古籍文献资料中可以得知，十八世纪中国的“卵虫”传到日本，最终被培育成兰鳟。

清末广州画坊为欧洲绘制的花草鱼虫图册中有蛋种金鱼

蛋鱼组

头、眼、鼻膜无变异

1. 蛋鱼 Egg-fish

康熙年间完成的《古今图书集成》中，有一幅金鱼插图，其中有无背鳍的蛋种鱼。从鱼的整体形象看，体型狭长，三叉短尾。因此，可以知道，头、眼、鼻膜均无变异，体型狭长，三叶尾的蛋种金鱼曾经存在，可能是蛋种金鱼最初的样子。

今天，长身短尾无变异的蛋种金鱼已经很少作为一个金鱼品种培育，只能在饲养过程中偶然发现。

青蛋鱼
Egg—fish (Color：Darkkhaki)

2. 丹凤 Phoenix

无头瘤，眼、鼻膜都无变异的蛋种金鱼品种，目前普遍饲养的是长尾型（尾长大于或接近体长）的丹凤。丹凤体型狭长，反应敏捷，游泳速度快，可能是演化程度比较低的特征。

紫蓝丹凤
Phoenix (Color: Chocolate & Blue)

红丹凤
Phoenix (Color: red)

红白丹凤
Phoenix (Color: Red & White)

青丹凤
Phoenix（Color：Darkkhaki）

红黑丹凤
Phoenix (Color: Red & Black)

红黑丹凤
Phoenix（Color：Red & Black）

蓝丹凤
Phoenix (Color: Blue)

紫丹凤
Phoenix（Color：Chocolate）

花丹凤
Phoenix（Color：Calico）

花丹凤
Phoenix (Color: Calico)

3. 南金 Nankin

十八世纪在日本培养出来，和日本兰寿一样都是起源于“卵虫”。和中国蛋鱼不同的是，南京的背弧比较高，头尖，无头瘤，三尾，尾鳍末端圆弧形。鼻膜略有变异，但不成为典型的绣球。

南金在中国已经有饲养的繁殖。中国金鱼中，双尾鳍在尾鳍背部黏连被认为是一种缺陷，同时，作为头部没有头瘤的蛋种金鱼，目前还没有被广泛接受。这个品种曾经被翻译为“南京”，很容易误导与中国的南京有关，本书按照日本对金鱼的命名习惯和“Nankin”的发音，翻译为“南金”。

虎头组

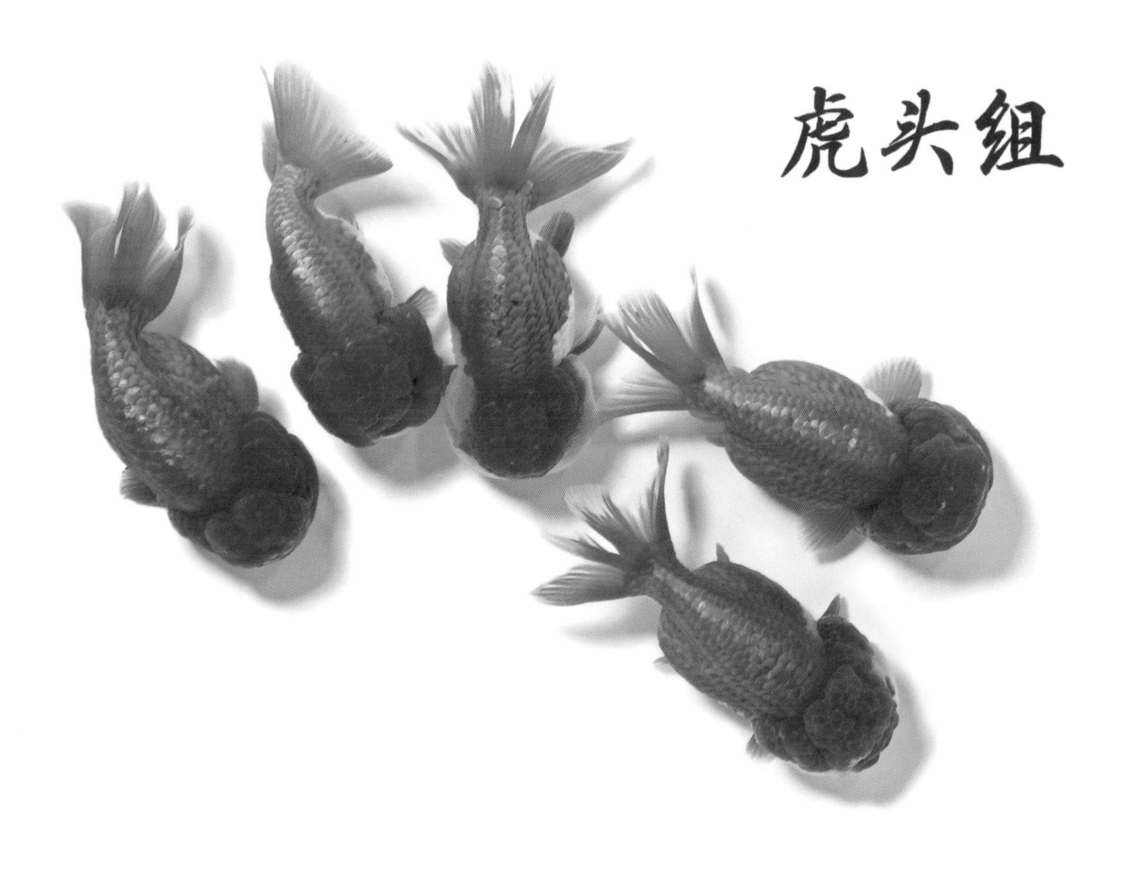

虎头组

有头瘤，眼无变异

“虎头”的金鱼品种名称是中国特有的。蛋种金鱼在中国发展出头瘤以后，头瘤被细分，朝不同的方向发展。

和狮头类似，虎头的名称在不同时代、不同地区变化较大。中国传统命名中，“虎头”一般指具有高头型头瘤的文种或蛋种金鱼。同时，蛋种狮头型头瘤的金鱼也被称为“老虎头”。历史上“虎头”并没有明确的界定范围。日本金鱼名称体系中，没有虎头这一名称。英文中有时使用“Tiger head”，但在目前全英金鱼协会的金鱼品种模式分类系统中，也没有根据有无头瘤区分金鱼品种，更没有进一步细化各种头型。

蛋种金鱼在中国有自己独特的发展过程。中国最早关于蛋种金鱼的记载可见于十八世纪。二十世纪初，蛋种金鱼已经演变出了众多品种，但这些品种只是民间对某些个体，根据某一特征进行命名，缺乏分类和命名的模式依据。

在现代金鱼普及过程中，“狮头”和“虎头”的界定逐渐简化，加入了更容易识别的背鳍作为界定依据，因此，现代中国对“狮头”的界定为“有背鳍，有头瘤”，相对的，“虎头”的界定范围逐渐变化成“无背鳍，有头瘤”。本书中，把无背鳍有头瘤的一类金鱼归入虎头组，其中，中国传统的“虎头”作为其中的一个品种。

传统中国虎头是高头型头瘤，现代金鱼中，因为头瘤的界定模糊，中间形态很多，所以“无背鳍，有头瘤”成为界定虎头组的简单标准。而各种头瘤形态成为专业爱好者中间流行的品种细分标准。比如中国的“王字虎头”。特指具有高头型头瘤，并且头瘤分为6块，6块头瘤之间的沟呈现“王”字的形态。

1. 虎头 Tigerhead

中国传统蛋种金鱼以平背或弧度比较低的弓背为主，现代用玻璃缸养鱼以后，对背弧有了更高的要求。背弧也是中国的虎头金鱼和源于日本的兰寿金鱼最大的不同。

红虎头
Tigerhead （Color：Red）

黑虎头
Tigerhead（Color：Black）

红白虎头
Tigerhead (Color: Red & White)

蓝虎头
Tigerhead（Color：Blue）

红黑（虎纹）虎头
Tigerhead（Color：Tiger）

花虎头
Tigerhead（Color：Calico）

紫蓝虎头
Tigerhead (Color: Chocolate & Blue)

2. 高头虎头 Tiger Cap

特征是除顶瘤高高隆起以外，鳃瘤、颊瘤没有或者不发达。其中，“王字虎头”进一步要求顶瘤分为6块，6块顶瘤之间的沟呈“王”字。这源于中国对动物老虎的理解。在中国传统文化中，虎为百兽之王，因此在虎的绘画作品中，虎的头上常常有“王”字。

红高头虎头（王字虎）
Tigerhead （Color：Orange）

红高头虎头（王字虎）
Tigerhead （Color：Orange）

3. 鹅头红 Goose

与鹤顶红类似，中国民俗中对红顶有着特别的喜好，寓意“鸿运当头”。蛋种金鱼中也有类似鹤顶红的遗传稳定红顶白身品种。其中，头瘤紧密，顶瘤高耸的呈鹅头型头瘤的，称为“鹅头红”。鹅头红起源很早，在明末画家恽冰的作品中就有鹅头红的形象。由于近代鹅头红品种保存在清朝皇宫里，后从皇宫里流出繁衍普及，因此又被称为“宫鹅”。

各部分头瘤都发达的品种中，也有顶瘤红色，身体白色的品种，称为红顶虎。

鹅头红
Goose（Color：Red Cap & White Body）

鹅头红
Goose （Color：Red Cap & White Body）

4. 红顶虎 Tigerhead RC

头瘤虽然是各部分都很发达的狮头型头瘤，但因为是蛋种有头瘤，也归入虎头组。

红顶虎
Tigerhead RC（Color：Red Cap & White Body）

红顶虎
Tigerhead RC （Color：Red Cap & White Body）

5. 猫狮 Cat

中国传统头瘤类蛋种金鱼中，有一个品种，头瘤呈狮头型，极度发育，头长约占体长的三分之一甚至接近二分之一。身体保持虎头的平背或低背弓，短尾。称为“猫狮”。从猫狮的名称也可以看出，中国金鱼传统称呼蛋种狮头金鱼的名称和定义。

红猫狮
Cat（Color：Orange）

红猫狮
Cat（Color：Orange）

红白猫狮
Cat（Color：Red & White）

红黑猫狮
Cat (Color: Red & Black)

黑白猫狮
Cat（Color：Black & White）

黑白猫狮
Cat（Color：Black & White）

兰寿组

有头瘤，眼无变异，背弧高，尾柄朝向后下方

兰寿源于日本。在日本，蘭鑄被视为高级金鱼，有“金鱼之王”的美称。因为市场需求大，因此被引进到中国进行繁育。

初代石川龟吉为自己做出的蛋种改良金鱼取名为鱼字旁的蘭加鑄字，兰寿爱好者把初代石川龟吉做出的兰寿叫做“蘭鑄”、“鑄”、“蘭鑄”等。引进中国后，普遍称为“兰寿”。

日本最早记录蛋种金鱼的文献是出自宽延元年（1748 年）安达喜之著作的《金鱼养玩草》前编，文中的“卵虫”金鱼和宽延 2 年出版的同作者的《后篇金鱼秘诀录》文中的“朝鲜金鱼”都是中国的无头瘤短尾型蛋鱼，卵虫的日语音读らんちゅう、らんちう。翻译成中文是兰寿。由于是外来金鱼，日本古文献记录的兰寿因日语的训读和各地风土人情的不同，对兰寿的叫法不一，写法也不一。有的写成蘭職鳥，京坂人写作蘭虫，江户（今日本东京）人称之为丸子。

到了江户后期，有三种兰寿作为品种并存，分别是以地域冠名的出云南金金鱼的兰寿、关西兰寿、关东兰寿。至今，日本人还是把这三种鱼称作日本三大兰寿。关西兰寿就是大阪兰寿，以色彩为欣赏点，也称为“模样鱼”；关东兰寿就是狮子头兰寿，以姿态为欣赏点，也称为“无地鱼”。二战后，大阪兰寿灭绝，兰寿专指狮子头兰寿。

狮子头兰寿最早的文献记录是明和元年（1764 年）刊行的《万芸似合袋》。文政十三年（1830 年）刊行的《嬉游笑览》中记录：金鳖有らんちゅう、丸子等叫法。天宝九年（1838 年）刊行的栗木丹州著作《皇和鱼谱》中记录：金鳖又名金鳞鱼，又呼蛋鱼，和名ランチュウ又ランチウ、俗称狮子头。书中指出狮子头成鱼后头瘤如狮子的头。据兰寿做出者初代石川龟吉所说，兰寿是无头瘤的丸子金鱼改良而来的。严格地说，应该是上述的狮子头金鱼改良的。这时期的狮子头兰寿相当于中国虎头金鱼（蛋种狮子头金鱼）。

石川家兰寿在各地传播繁殖，由于各地人文、饲养手法、各时期的审美取向等原因，使兰寿具有各种形态，经过岁月的大浪淘沙和各时期兰寿的品评会审查规则的约束，逐渐形成了现代兰寿。

之所以作为一个组，是因为兰寿在世界各地普及以后，已经分化出不同形态的地方品种。中国在 20 世纪 80 年代引进日本蘭鑄后，根据自己的审美，以及玻璃缸对金鱼侧视的要求，塑造出了不同的形态，并稳定遗传。名称使用在中国普遍使用的“兰寿”。因为英文名称沿用了“Ranchu”，所以用“CN Ranchu”加以区别。泰国也引进了日本蘭鑄，并形成了以“体型略侧扁，高背，颊瘤极度向吻端发展的龙头型头瘤，大体型”为特征的泰国兰寿。近年来由于市场接受度的原因，泰国兰寿快速朝中国兰寿方向发展，体型更加圆润，头瘤均匀发达，特别是颌下肉瘤同样发达，称为“狮寿 LionRanchu”。

目前，兰寿在中国受到追捧，成为中国金鱼市场上最主要的金鱼品种之一。因为饲养量大，所以各种颜色层出不穷，极为丰富。

为了尊重兰寿起源于日本的事实，直接把日本原种特征的兰寿作为一个独立品种，名称沿用日文汉字“蘭鑄”，而中国的本土品种名称写做“兰寿”。

1. 蘭鑄 Ranchu

在中国，有一群金鱼爱好者喜爱日本传统蘭鑄，十分注重保持日本的传统，为了区别于被改造以后的中国兰寿，在中国饲养繁殖的日本风格兰寿用日文汉字“蘭鑄”或直接称为“日本兰寿”，中国特色的兰寿则写做“兰寿”，英文以 CN Ranchu 加以区分。在日本，蘭鑄只有红色和红白色，因此在中国繁育的保持日本风格的蘭鑄也只有红色和红白色。

蘭鑄
Ranchu

2. 中国兰寿 CN Ranchu

和日本蘭鑄相比，中国兰寿的体型更加圆润，背弓更高，体宽和体长的比例更小。今天，兰寿在中国已经成为最主要的金鱼品种之一，拥有众多的爱好者，一大批金鱼养殖场专门繁育兰寿。基于中国丰富的金鱼遗传资源，中国兰寿的颜色变得极为丰富。

红兰寿
CN Ranchu（Color：Red）

红（玻璃鳞）兰寿
CN Ranchu (Color: Glass Red)

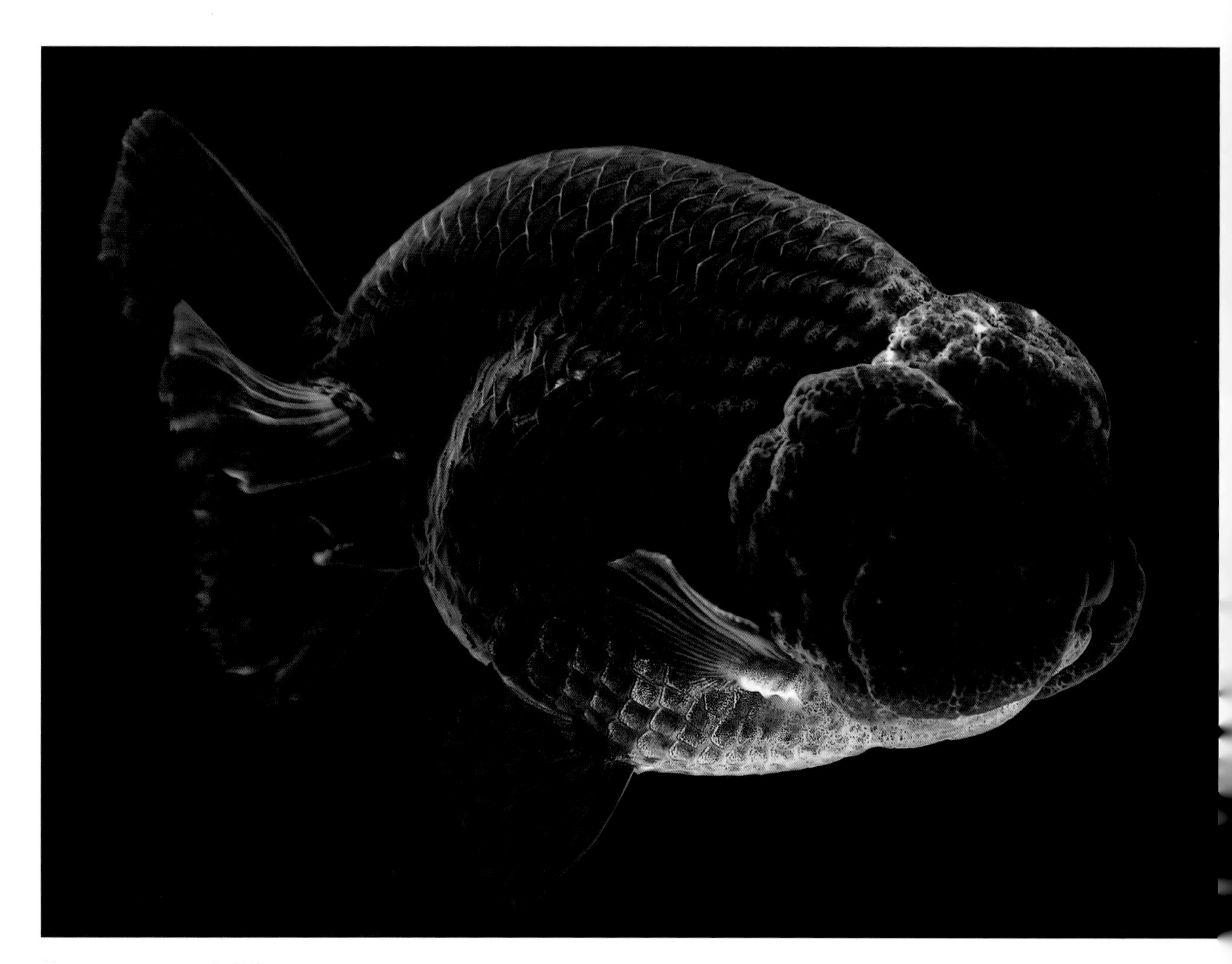

黑兰寿
CN Ranchu（Color：Black）

白兰寿
CN Ranchu (Color: White)

紫兰寿
CN Ranchu（Color：Chocolate）

红白兰寿
CN Ranchu (Color: Red & White)

红白兰寿
CN Ranchu (Color: Red & White)

红黑（虎纹）兰寿
CN Ranchu（Color：Tiger）

黑白（水墨）兰寿
CN Ranchu (Color: Wash Painting)

紫白兰寿
CN Ranchu（Color：Chocolate & White）

紫蓝兰寿
CN Ranchu (Color: Chocolate & Blue)

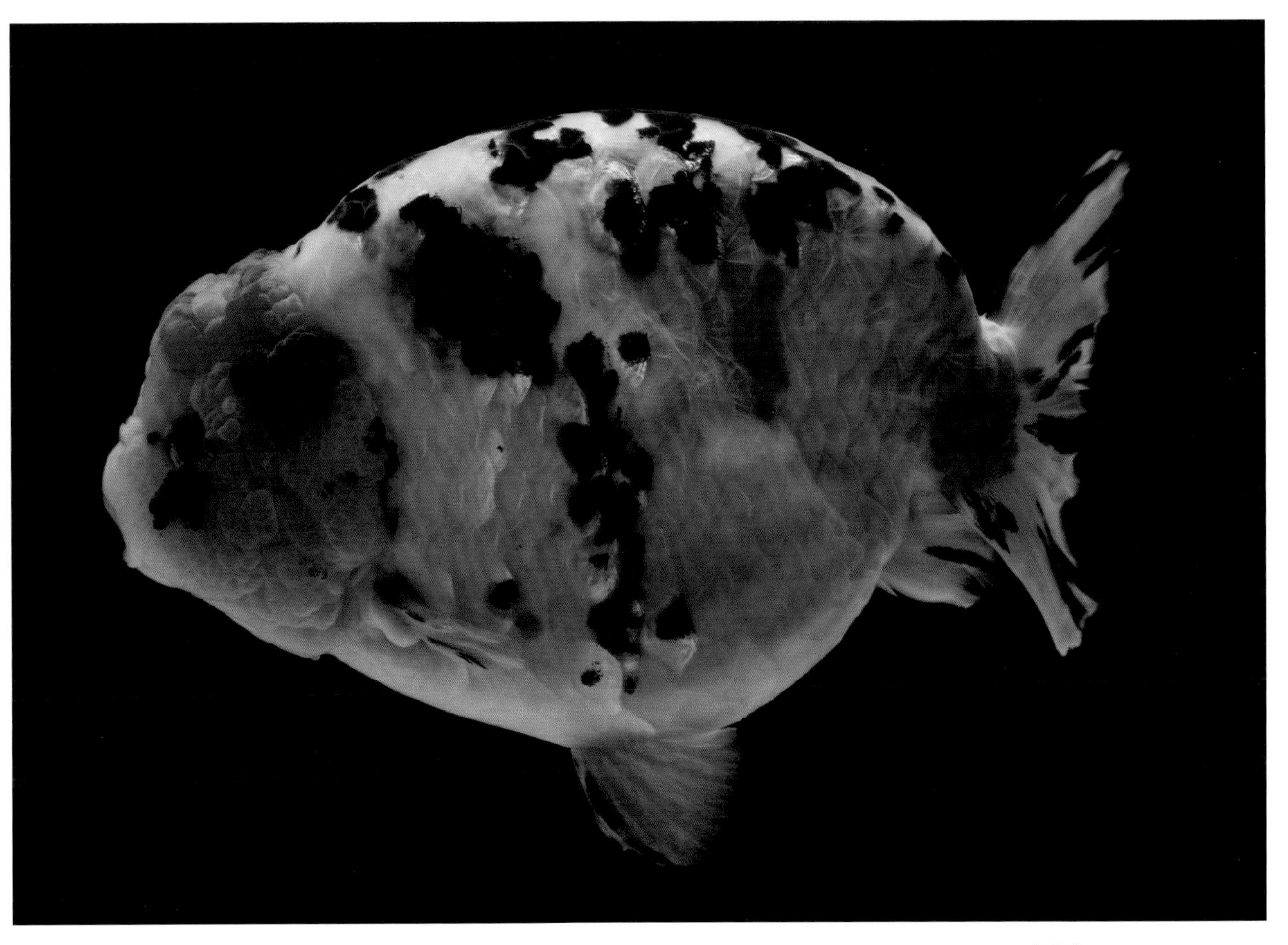

三色兰寿
CN Ranchu (Color: Three Color)

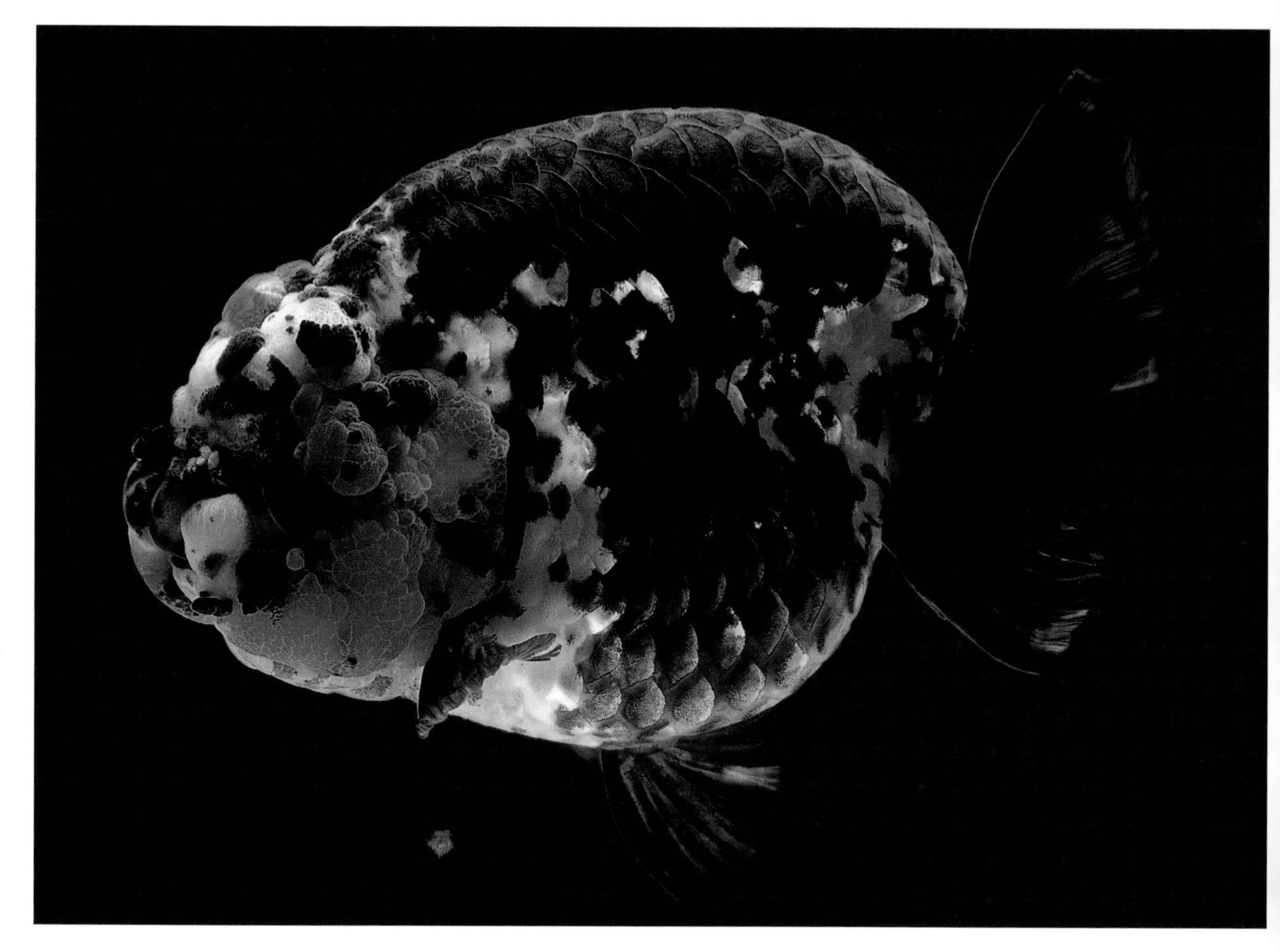

三色兰寿
CN Ranchu（Color：Three Color）

樱花兰寿
CN Ranchu（Color：Sakura）

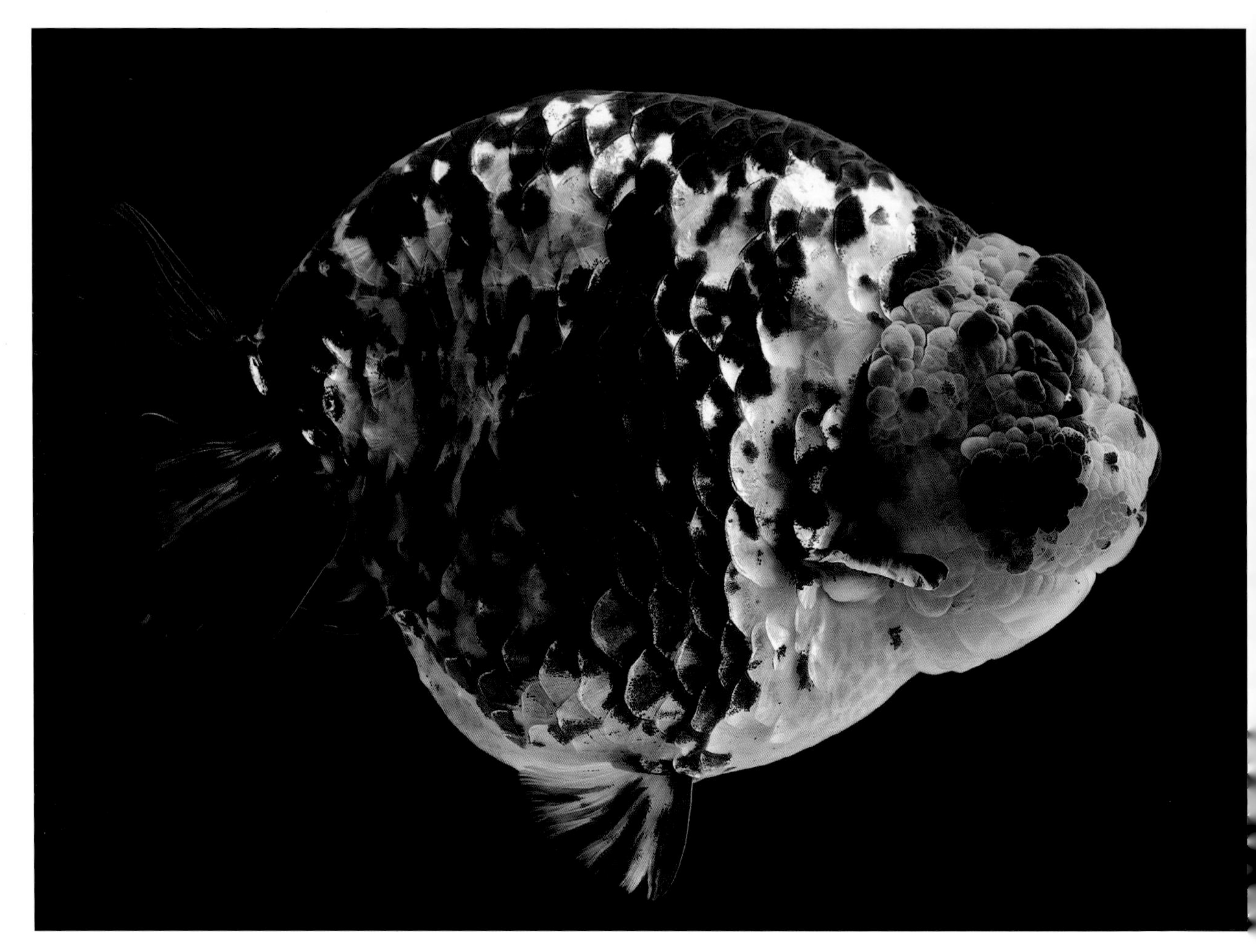

花兰寿
CN Ranchu（Color：Calico）

五花兰寿
CN Ranchu (Color: Calico)

3. 龙鳞兰寿 Ranchu SS

龙鳞兰寿是近年出现的一个与普通中国兰寿不同的品种。特点是鳞片大小不均匀，排列不整齐，有些个体局部皮肤裸露。尾鳍多三尾。英文名称加SS(Super Scale) 缩写。

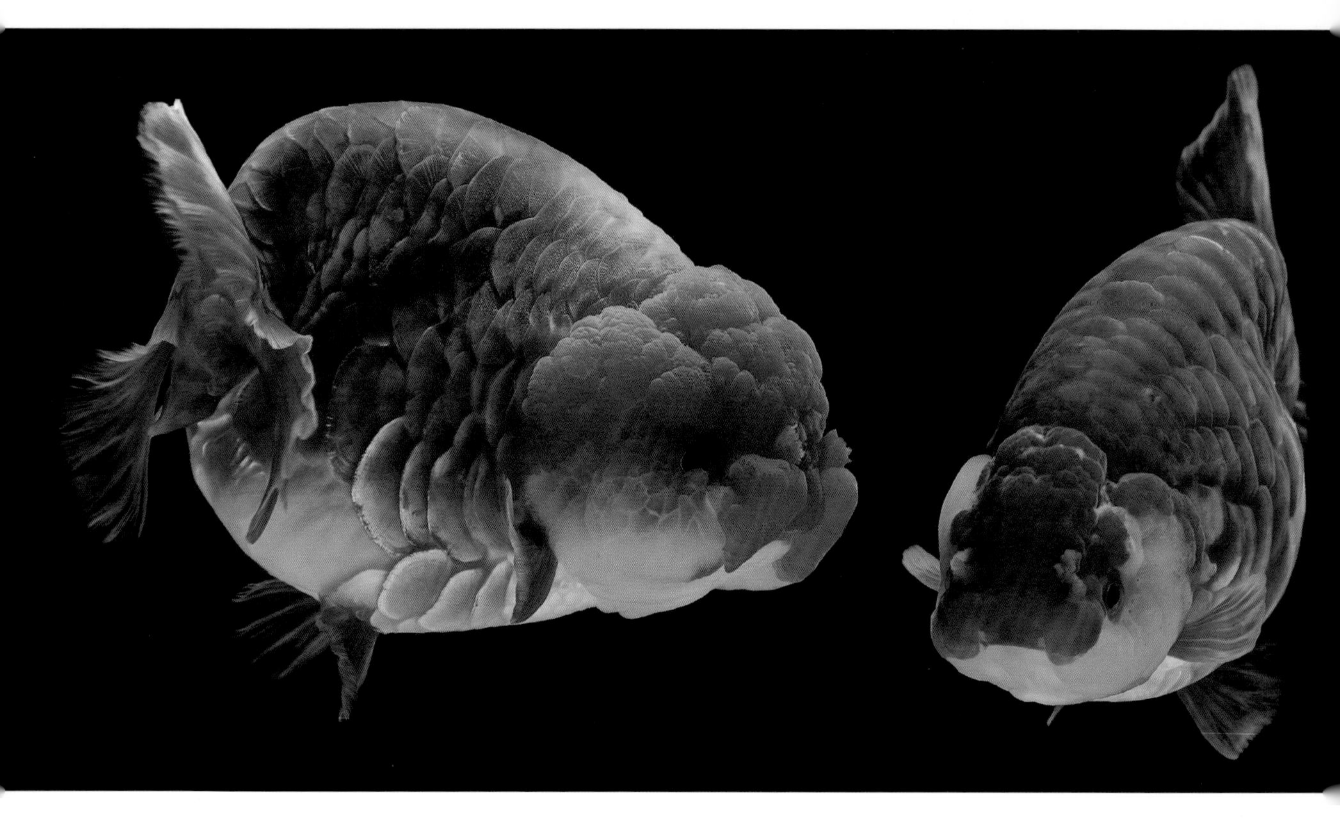

龙鳞兰寿
Ranchu SS (Color: Red & White)

龙鳞兰寿
Ranchu SS (Color: Red & White)

龙鳞兰寿
Ranchu SS (Color：Red & White)

4. 宽尾兰寿 Ranchu BT

近年来在中国培育出的兰寿新品种。尾鳍较普通兰寿更大，展开时尾鳍左右两端之间的距离约等于或大于体宽。

红宽尾兰寿
Ranchu BT (Color: Red)

红宽尾兰寿
Ranchu BT (Color: Red)

樱花宽尾兰寿
Ranchu BT (Color: Sakura)

樱花宽尾兰寿
Ranchu BT（Color：Sakura）

黑宽尾兰寿
Ranchu BT（Color：Black）

宽尾兰寿　Ranchu BT

蛋种龙睛组

蛋种龙睛组

眼凸出于头部轮廓以外

蛋种龙睛可能是文种龙睛背鳍消失后产生的，也有可能是蛋种鱼形成后眼睛变异产生的。无论如何，蛋种龙睛在目前金鱼饲养中数量比较少，推测品种形成比文种龙睛要晚。蛋种龙睛又叫“龙背”。

1. 蛋种龙睛 Egg-Fish TE

黑蛋种龙睛
Egg—Fish TE（Color：Black）

红白蛋种龙睛
Egg-Fish TE (Color: Red & White)

红白蛋种龙睛
Egg-Fish TE (Color: Red & White)

五花蛋种龙睛
Egg—Fish TE (Color：Calico)

五花蛋种龙睛
Egg—Fish TE（Color：Calico）

2. 凤尾蛋种龙睛 Phoenix TE

尾长约等于或大于体长，尾叉深，凤尾型尾鳍。

蓝凤尾蛋种龙睛
Phoenix TE (Color: Blue)

樱花凤尾蛋种龙睛
Phoenix TE (Color: Sakura)

樱花凤尾蛋种龙睛
Phoenix TE (Color：Sakura)

3. 龙睛兰寿 Ranchu TE

除了无背鳍，眼凸出头部轮廓以外，有头瘤，身体为兰寿的基本形态，背弧高。

红龙睛兰寿
Ranchu TE（Color：Orange）

蛋种绣球组

正常眼，无头瘤，鼻膜特化成绣球

1. 蛋种绣球 Egg-Fish P

蛋种绣球，尾长小于体长，常常简称为蛋球。

红白蛋球
Egg—Fish P（Color：Red & White）

红蛋球
Egg-Fish P (Color: Red)

三色蛋球
Egg–Fish P（Color：Three Color）

紫蛋球
Egg—Fish P（Color：Chocolate）

五花蛋球
Egg—Fish P（Color：Calico）

2. 丹凤绣球 Phoenix P

尾长约等于或大于体长，尾叉深，凤尾型尾鳍，常常简称为丹凤球。

蓝丹凤球
Phoenix P（Color：Blue）

紫丹凤球
Phoenix P（Color：Chocolate）

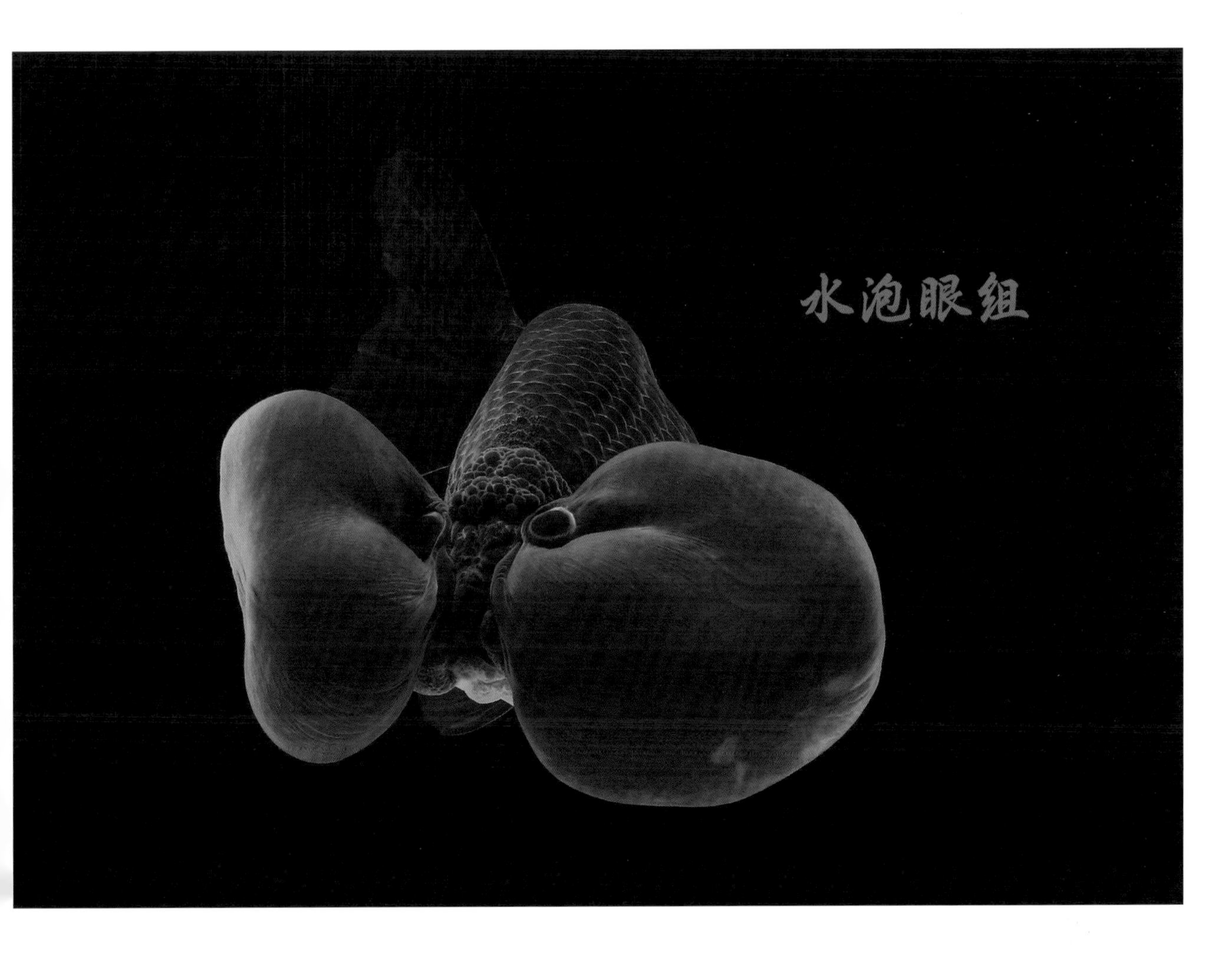

水泡眼组

眼下增生出囊状水泡

在眼下发育出一个充满组织液的水泡。根据饲育经验，水泡眼大多数为蛋种金鱼。文种水泡眼背鳍的起点明显比普通文种鱼位置靠后，因此推测文种水泡眼是蛋种水泡眼背鳍返祖形成的。又因为文种水泡眼不如蛋种水泡眼普遍，因此水泡眼的默认英文名称“Bubble Eyes”指蛋种水泡眼，文种水泡眼则使用“Fantail BE（Bubble Eyes）”。

1. 水泡眼 Bubble Eyes

红白水泡眼
Bubble Eyes (Color: Red & White)

红水泡眼
Bubble Eyes (Color: Orange)

红水泡眼
Bubble Eyes (Color：Orange)

黑水泡眼
Bubble Eyes（Color：Black）

紫水泡眼
Bubble Eyes（Color：Chocolate）

蓝水泡眼
Bubble Eyes（Color：Blue）

黑白水泡眼
Bubble Eyes (Color: Black & White)

三色水泡眼
Bubble Eyes (Color: Three Color)

五花水泡眼
Bubble Eyes (Color: Calico)

2. 蛙眼 Frog

眼下囊泡明显小于一般水泡眼，整个头部由于眼下有囊泡而像青蛙。

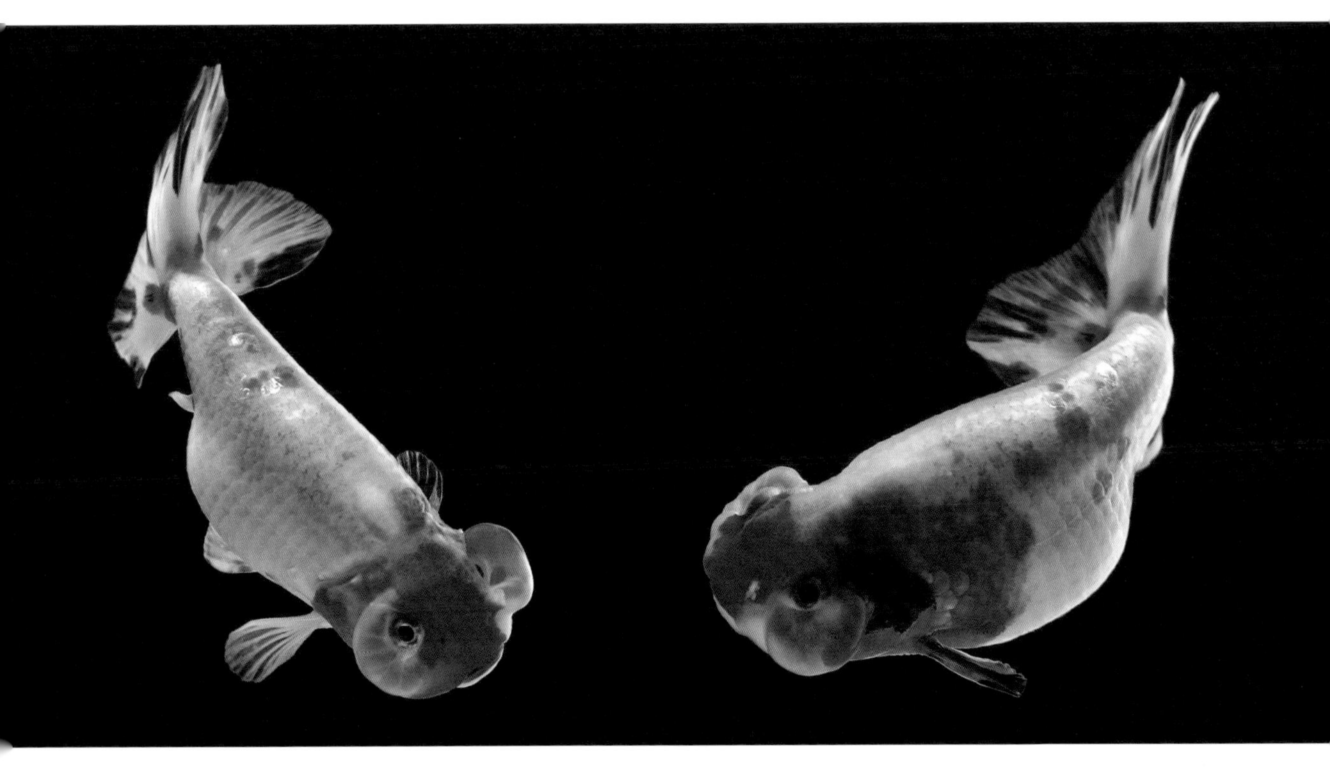

三色蛙眼
Frog（Color：Three Color）

望天组

眼球凸出于头部轮廓以外，眼睛上翻朝天

又叫朝天龙。根据幼体发育和饲养经验，望天源于蛋种龙睛，名称也隐含源于龙睛。幼体成长时，眼睛的方向开始时正常朝向左右，以后逐渐上翻朝天。变化过程似乎和环境条件也有关。

1. 望天（朝天龙）Celestial

红望天
Celestial（Color：Red）

红望天
Celestial (Color: Red)

2. 望天球 Celestial P

在望天眼的基础上，鼻膜特化成绣球。

红黑望天球
Celestial P（Color：Red & Black）

红望天球
Celestial P（Color：Red）

红白望天球
Celestial P（Color：Red & White）

紫望天球
Celestial P（Color：Chocolate）

金鱼的品种分类和命名

金鱼的品种分类和命名沿革

生物分类学对物种的分类，一般基于形态和遗传。金鱼有所不同的是，金鱼起源于民间，有着文人雅玩的诞生背景。因此中国对于金鱼的命名往往针对偶尔出现的个体，这是西方认为“中国人对金鱼命名很随意”的由来。事实上，中国传统上并没有对金鱼进行分类的习惯。

1912 年开始，一批留学生返回中国，把现代科学带入了中国。1914 年，在美国康奈尔大学由中国留学生成立了中国科学会，1922 年 8 月，中国科学会将其总部迁到南京。作为中国科学会会员的陈桢，成为了采用现代遗传学的方法研究金鱼的第一人。在哥伦比亚大学的遗传学研究和中国文化的成长背景，促使他回国后努力寻找促进当时中国生物学前延研究的实验生物体。1923 年，当他找到金鱼的时候，现代科学家对金鱼的研究开始了。

1959 年，李璞把金鱼分成草种、文种、龙种和蛋种四类，以后被普遍采用，“草龙文蛋”成为普通人认识金鱼的第一步。

1980 年，徐金生基于中国传统养殖者对金鱼的认识，把金鱼分成十三类：龙睛、绒球、帽子、虎头、红头、翻鳃、水泡眼、望天眼、狮头、丹凤、珍珠鳞、透明鱼、文鱼。并且指定了珍贵品种：“喜鹊花龙睛、十二红龙睛、红龙睛四球、鹤顶红、印头红、翻鳃珍珠龙睛球、朱砂水泡眼”。1981 年，随着金鱼品种的增多，

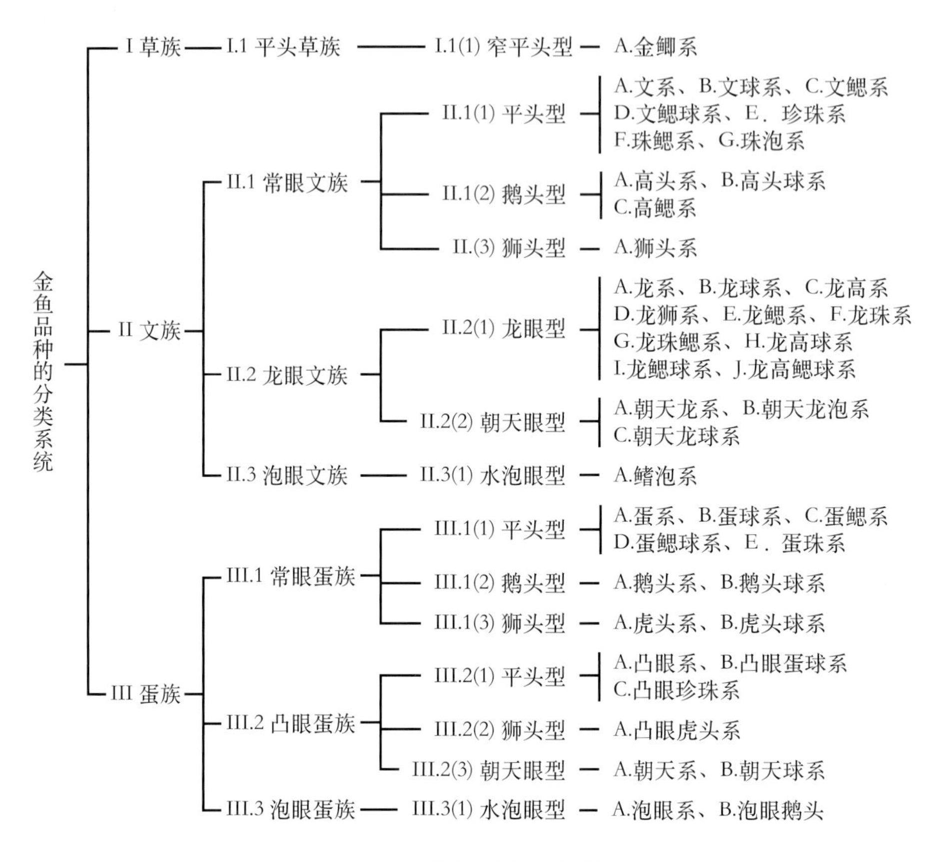

1984 年王春元提出的金鱼分类系统

傅毅远把金鱼分为金鲫、文种、龙种、蛋种和龙背种五类，其中，龙背种指蛋种龙睛。

用生物分类学的方法不难看出，这些分类是基于中国传统对金鱼的认识，缺少明确的分类依据，不同类别之间相互交叉，不便于普通人认识金鱼。

1984 年，遗传学家王春元认为把金鱼分为草族、文族和蛋族三类。之所以不用“草种、文种和蛋种”而用“族”，是为了区别于生物分类系统中的“种”，避免把金鱼这一人工鱼类“品种”误认为自然演化出的“物种”。

在王春元的分类系统里，首先根据体型和有无背鳍把金鱼分为 3 族，每族下的分类依据和排列次序依次为眼、头瘤、鳞片、绒球，其中，鳞片和绒球并列，是分“系”的依据。由于这个分类系统建立得比较早，金鱼的品种没有现在丰富，可能是书中没有采用尾鳍形态等作为分类依据的原因。

1993年，由中国水产学会牵头，组织各地及港台十九位专家学者、企业家，成立了中国金鱼名称审定委员会，对现有中国金鱼的中文名称、英文名称，进行了审定，发布了《中国金鱼名录》。这是首次以学术委员会的名义，从生物科学和实际应用的角度对金鱼的分类和名称进行审定。《中国金鱼名录》以“头、眼睛、绒球、翻鳃、鳞片、体色、体形、尾形”等8个形态作为分类依据，指定了标准中文名称和英文名称以及品种的简易代码。《中国金鱼名录》虽然没有正式提出金鱼分类系统，但实际上把金鱼分为“草、龙、文、蛋”四大类50小类。

2011年，日本《原色金鱼图鉴》根据体型、有无背鳍和头瘤，把日本金鱼分为“和金型、兰寿型、荷兰狮子头型、琉金型”四类。

2016年，全英金鱼协会NGSUK（Nationawide Goldfish Societies UK）公布了《全英金鱼标准 NATIONWIDE: GOLDFISH STANDARDS of the United Kingdom》根据体型、尾鳍和背鳍把金鱼分为6组。

2017年，海峡书局组织《中国金鱼图鉴》编委讨论中国金鱼的分类，首次把中国金鱼分为文鱼和蛋鱼两大类，大类下根据外部形态特征分为“单一变异特征”和“复合变异特征”，通过变异特征对大类下进行分类。

2021年，由中国水产科学研究院珠江水产研究所、农业农村部水产种质监督检验测试中心（广州）牵头起草，农业农村部渔业渔政管理局发布了中国水产行业标准《金鱼品种命名规则》。规则规定了256个金鱼品种的中英文名称和特征，没有对金鱼品种进行分类。

纵观金鱼分类和命名的历史，不同国家对金鱼的分类和命名有着不同的方法和习惯。在中国，金鱼的早期阶段往往根据颜色命名金鱼，随着金鱼形态发生变化，命名逐渐演变为颜色加形态的方式。同样的情况也发生在日本。早期的日本金鱼都是直接命名，名称中往往带有产地、来源、作者等含义。后来品种逐渐增加，给认识金鱼和金鱼贸易带来了不便，才开始有了分类。英国的金鱼分类则是基于外部形态，提出了组的分类标准。

金鱼的分类不同于自然鱼类物种，因为品种之间没有生殖隔离，因此杂交和变异十分普遍。不同外部形态特征之间的中间形态层出不穷，颜色更甚。不同颜色之间没有明确的界限。传统的三分法在同级分类中采用了体型、背鳍和眼的分类依据，四分法则采用了尾鳍、背鳍和眼作为分类依据。不同的分类依据之间有交叉品种，容易造成混乱。王春元在“我国金鱼品种的分类和命名”一文中分析了各种分类方法的优缺点，认为采用三分法为好。

关于本书金鱼分类系统和品种名称的说明

本书综合考察前人的工作，以尽量清晰可辨的形态特征为分类依据，为了便于普通读者辨识金鱼，分类系统力求简单、明了。本书的分类方法中，不用颜色作为分类依据，只作为品种中个体的描述性特征加以标注。对应的英文名称尽量尊重英文原本的命名习惯，不用直译。对特征采用缩写字母表示。

分类系统的说明

本书分类系统中，使用“类”“组”“种”对金鱼加以分类。关于金鱼的“种”，鱼类学上目前仍沿用林奈分类系统，和鲫鱼共用 Carassius auratus Linnaeus。金鱼作为物种，和鲫鱼之间，各个不同形态的个体之间，都没有生殖隔离。因此使用同一学名。目前金鱼在林奈分类系统中的分类地位虽然符合生物分类系统的定义，但无法体现出金鱼的千姿百态，不符合普遍使用习惯。

本书中“种”的含义约等同于生物分类学中“品种”，但不完全符合。指人工创造的，遗传相对稳定，有特殊形态特征，又比较常见的金鱼。沿用“品种”、“种”的名称是尊重使用习惯。

本书收入的金鱼品种基于目前常见品种。金鱼在千年的人工选育和不断杂交的过程中，遗传变异性不断增大。不同形态的个体层出不穷，常常可以见到和以往品种不同的个体，例如“文种蛙眼”“蛋种珍珠鳞”“戏泡”等等。

金鱼作为鲫鱼的畸形个体在千年前被人工保留并加以培育，因此，金鱼的所有特征从本质上都是鲫鱼的畸形变异。只是这些变异特征有的被人为选择得以保留，遗传稳定性不断提高，演化为金鱼品种。这种选择行为随着社会的价值观和审美态度不断变化。历史上记载，钱塘县曾经保留过背部反向弯曲的个体，取名为“屈头鱼”，作为新奇品种进贡到北京。类似地，在 1772 年完成于中国的金鱼画卷中，还有“睡鱼”，从图画和相关的笔记中我们知道，实际上是金鱼失去平衡后身体翻转的样子。曾经也作为新品种培育。翻鳃曾经作为金鱼品种广泛存在，1984年王春元的分类系统中，“翻鳃”作为品种特征用于分类系统。随着人们审美的变化，翻鳃现在已经作为不良特征被淘汰。通过这些现象，可以看到人类在塑造金鱼这一活体艺术品过程中走过的历程。这些过往都和不同时代，不同地区的审美变化密切相关。是人类社会文化变迁的烙印。本书的分类系统针对目前常见的金鱼品种，但同时也是开放的系统，一旦出现流行的新品种，期待所有爱好金鱼的人能够进一步完善。

和自然物种不同，金鱼在被人类的选择过程中，随着越来越多的变异特征被保留下来，变异的几率也同时不断增加。和龙睛、头瘤、水泡等特征一样，最初发生的变异是随机的，是否能够形成一个相对稳定遗传的“品种”，取决于人类是否愿意把它保留下来。正如翻鳃，人类选择了它，就会去保留具有这个特征的个体，并不断纯化，逐渐普及而形成一个“品种”；人类不选择它，就会把它作为畸形个体而放弃，则有这一特征的个体逐渐减少。即使偶尔出现，也会在人工选择的时候被淘汰。人类在选择新的特征的时候，受到社会、经济等各种因素的影响。在某个特定地区，特定历史阶段，具有某个特征的个体被作为一个“品种”，如翻鳃。有时候具有某个特征的个体偶然出现，人们给它起个名字，也会被认为是“品种”，但或许因为拥有者希望居奇谋利，或许因为拥有者的繁育技术，甚至或许因为天气，导致这个“品种”又消失不见。比如曾经出现过的蛋种珍珠鳞。总之，一个金鱼品种的形成，需要天时、地利、人和，同时又能够被社会审美所接受，偶然出现的变异特征才能被保留下来，形成金鱼的“品种”。

金鱼的品种是随着人类的价值观、审美态度变化的，金鱼的分类系统和自然物种分类系统不同，远不如后者稳定。本书的分类系统，只能代表现阶段的金鱼品种。为了便于认识现在的金鱼品种而建立的分类系统。同时，分类系统虽然是变化的，但分类方法基本一致，因此，建立分类系统的意义不仅在于这个分类系统本身，更在于建立一个方法，即使“品种”发生改变，仍可以使用这个方法，对“品种”进行取舍，建立新的分类系统，便于让更多的人认识金鱼。

本书把金鱼分成“文鱼类”和“蛋鱼类”，每类分为7组，共14组52个品种。

第一层级根据有无背鳍分为文鱼类和蛋鱼类。王春元分类系统中依据体型把草族单列，实际上草族也是有背鳍的。因此，本书的分类系统把草族归入文鱼类，统一了分类依据。

第二层级中，文鱼类根据体高、体宽和体长的比例，分出鲫形鱼组。不可否认，用身体尺度比例作为分类依据，需要大量的统计学数据作为支撑。1959 年，陈桢是以头长作为基准，测定其他特征，与头长建立比例关系。考虑到体长和体高、体宽、尾长等参数之比更为直观，因此本分类系统采用体长为基准。

第三层级用凸眼作为分类依据。以凸眼为上级分类，头瘤、鳞片、绒球并列为下级特征。这是因为龙睛的历史记载较早，虽然没有明确的生物学证据，但可以大致推测后三个特征较龙睛出现为晚。虽然龙睛珍珠很可能是由珍珠鳞演化出龙睛而来，遗传上是先珍珠而后龙睛珍珠，但基于遗传是分类的重要参考依据而不是必须依据遗传关系分类，同时，为了给进一步编制金鱼品种检索表打下基础，所以把凸眼的龙睛鹤顶红、龙睛皇冠珍珠、龙睛绒球都归入本组。蛋种方面采用同样的方式。

关于头瘤的形态分类，金鱼遗传学的奠基人陈桢把头瘤分为三类，描述为“平头”“鹅头”“狮头”，王春元把皇冠型头瘤归入鹅头型。

这符合两位前辈当时的金鱼品种情况。20 世纪 80 年代以来，金鱼品种集中涌现，国际间金鱼品种的交流日益频繁，民间对金鱼的命名也有所变化。本书基于前辈的工作和目前实际情况，把头瘤分为“狮头”“高头”“鹅头”“龙头”和“皇冠”五种类型，其中皇冠型特指皇冠珍珠的头瘤。

命名的说明

金鱼的命名方面，以颜色加品种加特征的三段式中文命名方式，英文则用特征缩写在品种名称后标注，颜色不放入名称，另行加以描述性标注。

品种的英文名称尊重英文本来的命名，比如龙睛不用“Drange Eyes”而是用英文的习惯名称“Telescope”。类似地，还有朝天眼 -Celestial、文鱼 -Fantail 等。

对于源于日本的金鱼品种，尊重国际习惯，使用日本的英文名称，如“Ryukin”“Ranchu”等。类似地，还有“Wakin”“Jikin”“Oranda”“Tosakin”等等。特别地，为了避免混淆，“狮头”不用“Lionhead”而使用国际通用的“Oranda”。

对于源于中国，在中国已经普遍通用的品种名称，则直接意译，如“龙睛蝶尾”直接写作“Butterfly TE”。类似的，还有丹凤 -Phoenix、鹤顶红 -Crane，虎头 -Tigerhead，猫狮 -Cat，蛋种蛙眼 -Frog。

对于同样特征既有文种也有蛋种的鱼，则根据遗传的先后，如水泡眼，先从蛋种出现而后返祖出现文种。根据这一关系，蛋种水泡称为“Bubble Eyes”而文种水泡眼则使用文鱼加水泡眼后缀“Fantail BE（Bubble Eyes）”，类似的，还有文种龙睛 -“Telescope”；蛋种龙睛 -“Egg-Fish TE（Telescope Eyes）”；龙睛丹凤 -Phoenix TE（Telescope Eyes）；文种蛙眼 -Fantail FE。

金鱼分类系统采用的特征缩写

1. 眼

1.1. 龙睛眼 TE（Telescope Eyes）

1.2. 水泡眼 BE（Bubble Eyes）

1.3. 蛙眼 FE（Frog Eyes）

2. 尾鳍

2.1. 长尾 LT（Long Tail）

2.2. 短尾 ST（Short Tail）

2.3. 宽尾 BT（Broad Tail）

2.4. 凤尾 PT（Phoenix Tail）

3. 头瘤

3.1. 高头 C（Cap）

3.2. 红头 RC（Red Cap）

3.3. 皇冠 R（Crown）

4. 绒球 P（Pompons）

5. 鳞片

5.1. 珍珠鳞 PS （Pearl Scale）

5.2. 龙鳞 SS（Super Scale）

金鱼分类系统

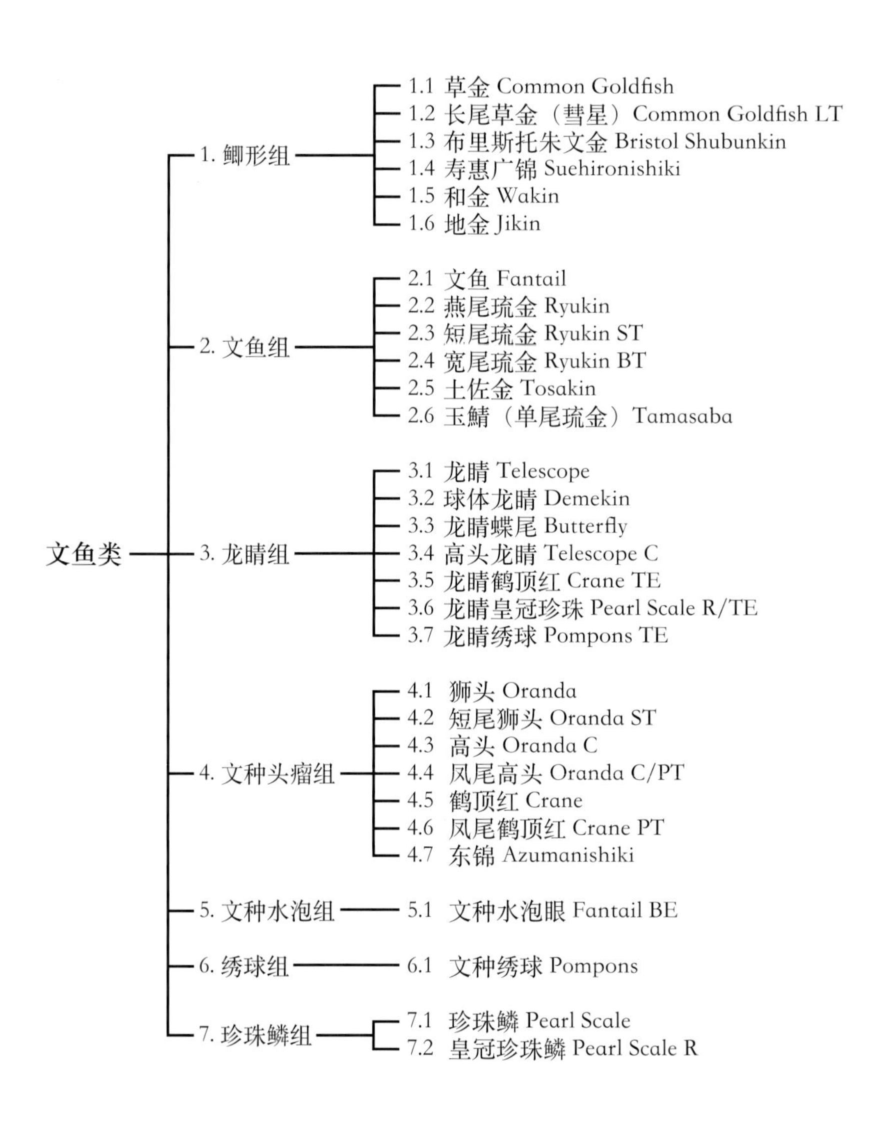
文鱼类
1. 鲫形组
1.1 草金 Common Goldfish
1.2 长尾草金（彗星）Common Goldfish LT
1.3 布里斯托朱文金 Bristol Shubunkin
1.4 寿惠广锦 Suehironishiki
1.5 和金 Wakin
1.6 地金 Jikin
2. 文鱼组
2.1 文鱼 Fantail
2.2 燕尾琉金 Ryukin
2.3 短尾琉金 Ryukin ST
2.4 宽尾琉金 Ryukin BT
2.5 土佐金 Tosakin
2.6 玉鯖（单尾琉金）Tamasaba
3. 龙睛组
3.1 龙睛 Telescope
3.2 球体龙睛 Demekin
3.3 龙睛蝶尾 Butterfly
3.4 高头龙睛 Telescope C
3.5 龙睛鹤顶红 Crane TE
3.6 龙睛皇冠珍珠 Pearl Scale R/TE
3.7 龙睛绣球 Pompons TE
4. 文种头瘤组
4.1 狮头 Oranda
4.2 短尾狮头 Oranda ST
4.3 高头 Oranda C
4.4 凤尾高头 Oranda C/PT
4.5 鹤顶红 Crane
4.6 凤尾鹤顶红 Crane PT
4.7 东锦 Azumanishiki
5. 文种水泡组
5.1 文种水泡眼 Fantail BE
6. 绣球组
6.1 文种绣球 Pompons
7. 珍珠鳞组
7.1 珍珠鳞 Pearl Scale
7.2 皇冠珍珠鳞 Pearl Scale R

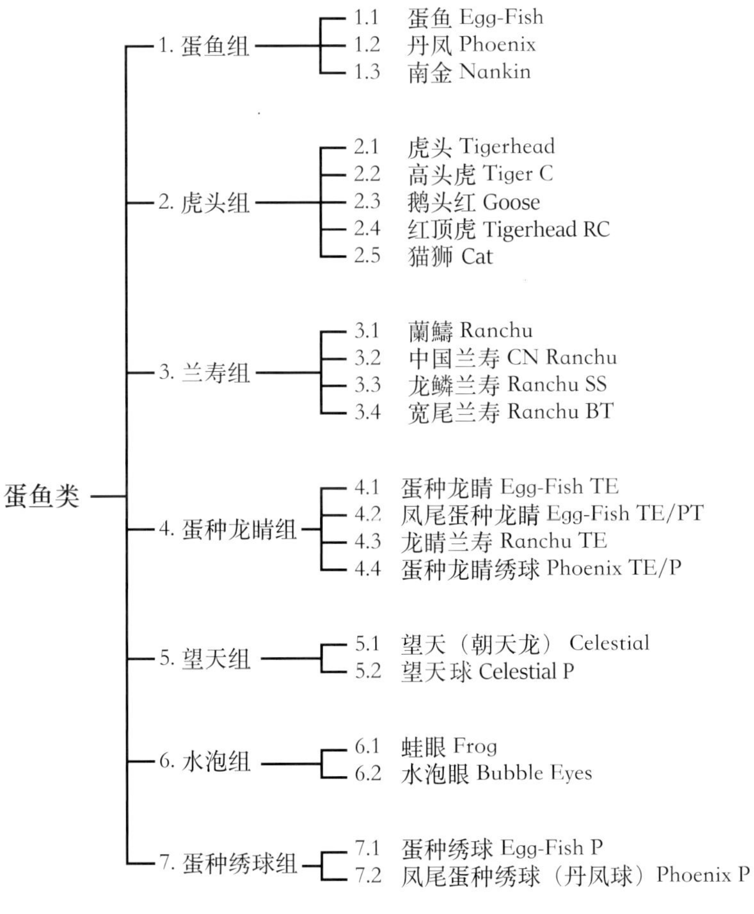

蛋鱼类

- 1. 蛋鱼组
  - 1.1 蛋鱼 Egg-Fish
  - 1.2 丹凤 Phoenix
  - 1.3 南金 Nankin
- 2. 虎头组
  - 2.1 虎头 Tigerhead
  - 2.2 高头虎 Tiger C
  - 2.3 鹅头红 Goose
  - 2.4 红顶虎 Tigerhead RC
  - 2.5 猫狮 Cat
- 3. 兰寿组
  - 3.1 蘭鑄 Ranchu
  - 3.2 中国兰寿 CN Ranchu
  - 3.3 龙鳞兰寿 Ranchu SS
  - 3.4 宽尾兰寿 Ranchu BT
- 4. 蛋种龙睛组
  - 4.1 蛋种龙睛 Egg-Fish TE
  - 4.2 凤尾蛋种龙睛 Egg-Fish TE/PT
  - 4.3 龙睛兰寿 Ranchu TE
  - 4.4 蛋种龙睛绣球 Phoenix TE/P
- 5. 望天组
  - 5.1 望天（朝天龙） Celestial
  - 5.2 望天球 Celestial P
- 6. 水泡组
  - 6.1 蛙眼 Frog
  - 6.2 水泡眼 Bubble Eyes
- 7. 蛋种绣球组
  - 7.1 蛋种绣球 Egg-Fish P
  - 7.2 凤尾蛋种绣球（丹凤球）Phoenix P

金鱼品种检索

王春元、李延龄在1983年首次提出了金鱼品种的检索表。在他们之后，金鱼品种只有名录和图鉴，缺少品种鉴定所需的检索表，至今已经近四十年。四十年来，金鱼的品种不断变化，国际交流日益密切，喜欢金鱼的普通人越来越多。这些因素都需要有一个浅显的品种检索表。因此编制一个简化的品种检索表，简化金鱼的品种认知工具，让更多的人能够简单辨识金鱼品种。关于金鱼品种的鉴定，目前还没有统一的方法和标准，本检索表只是作为简单认识金鱼品种的工具。

组检索表

文鱼类

1. 有背鳍
   1.1 体型接近鲫鱼，体长大于或约等于体高的三倍、体宽的五倍 ………………………… 鲫形组
   1.2 体长小于体高的三倍、体宽的五倍
      1.2.1 眼凸出于头部轮廓以外 …………………………………………………………… 龙睛组
      1.2.2 眼不凸出于头部轮廓以外
         1.2.2.1 眼下增生出囊状水泡 …………………………………………………… 文种水泡眼组
         1.2.2.2 眼下不增生出囊状水泡
            1.2.2.2.1 鳞片中心凸起，特化成珍珠状 ……………………………………… 珍珠鳞组
            1.2.2.2.2 鳞片中心不凸起
               1.2.2.2.2.1 头部有肉瘤 ……………………………………………文种头瘤组
               1.2.2.2.2.2 头部没有肉瘤
                  1.2.2.2.2.2.1 鼻膜特化成绣球状 ………………………绣球组
                  1.2.2.2.2.2.2 鼻膜不特化成绣球状 ……………………文鱼组

蛋鱼类

2. 无背鳍
   2.1. 眼凸出头部轮廓以外
      2.1.1 瞳孔上翻朝天 ……………………………………………………………望天组
      2.1.2 瞳孔不上翻朝天 ……………………………………………………蛋种龙睛组
   2.2 眼不凸出头部轮廓以外
      2.2.1 眼下增生出囊状水泡 …………………………………………………水泡眼组
      2.2.2 眼下不增生出囊状水泡
         2.2.2.1 有头瘤、背弧低、尾柄朝向后方 ……………………………虎头组
         2.2.2.2 有头瘤、背弧高、尾柄朝向后下方 …………………………兰寿组
         2.2.2.3 无头瘤
            2.2.2.3.1 鼻膜特化成绣球 ………………………………………蛋种绣球组
            2.2.2.3.2 鼻膜不特化成绣球 …………………………………………蛋鱼组

品种检索表

有的组别 1-2 种，在品种检索表里省略。

1. 鲫形组

1. 单尾鳍、上下两叶 ……………………………………………………………草金（朱文金）
   1.1 尾鳍长小于等于体长的三分之一 ……………………………………………短尾草金
   1.2 尾鳍长度大于体长的三分之一 ………………………………………………长尾草金
      1.2.1 尾叉浅、尾鳍末端圆、尾鳍呈扇形 ……………………………………寿惠广锦
      1.2.2 尾叉深
         1.2.2.1 尾鳍末端尖细 ……………………………………………………… 彗星
         1.2.2.2 尾鳍末端圆、尾鳍呈心形 ……………………………布里斯托朱文金
2. 双尾鳍、四叶
   2.1 尾鳍近平行于体轴方向 …………………………………………………………和金
   2.2 尾鳍近垂直于体轴方向 …………………………………………………………地金

2. 文鱼组

1. 单尾鳍，上下两叶 ……………………………………………………………玉鲭（单尾琉金）
2. 尾鳍三叶 ………………………………………………………………………………土佐金
3. 双尾鳍，四叶
   3.1 体长为体高的1.5-3倍，尾长小于或约等于体长 ……………………………………文鱼
   3.2 体长小于体高的1.5倍
      3.2.1 尾叉深，尾鳍末端尖细，燕尾型尾鳍 ……………………………………燕尾琉金
      1.2.2 尾叉浅
         1.2.2.1 尾鳍长度小于体长的二分之一 ……………………………………短尾琉金
         1.2.2.2 尾鳍长度小于体长的二分之一，尾鳍张开时左右末端之间的距离大于体宽 ……………………………………………………………… 宽尾琉金

3. 龙睛组

1. 体长大于或约等于体高和体宽的1.5倍
   1.1 有头瘤
   1.1.1 鳞片中心增厚呈珍珠状，顶瘤为囊状皇冠型头瘤 ……………………………龙睛皇冠珍珠
   1.1.2 鳞片不中心增厚呈珍珠状
      1.1.2.1 顶瘤明显发达，高耸，其他部分头瘤有或者无
         1.1.2.1 头瘤红色，身体白色 ……………………………………………龙睛鹤顶红
         1.2.2.2 其他颜色 ……………………………………………………………高头龙睛
   1.2 无头瘤
      1.2.1 鼻膜特化成绣球 ……………………………………………………………龙睛绣球
      1.2.2 鼻膜不特化成绣球
         1.2.2.1 尾鳍展开时左右两端之间的距离大于体宽，第一鳍棘与体轴前夹角小于等于90度 ……………… 龙睛蝶尾
         1.2.2.2 尾鳍第一鳍棘与体轴前夹角小于等于90度 ……………………………………龙睛
2. 体长小于体高的1.5倍 ……………………………………………………………球体龙睛（球龙）

4. 文种头瘤组

1. 顶瘤特别发达
   1.1 顶瘤由多个瘤状组织组成，多块状高头型头瘤 ……………………………………………高头
      1.1.1 尾鳍长度小于或约等于体长
      1.1.2 尾鳍长度大于体长 ……………………………………………………………凤尾高头
   1.2 顶瘤的瘤状组织十分紧密，单块状鹅头型头瘤
      1.2.1 尾鳍长度小于或约等于体长 ……………………………………………………鹤顶红
      1.2.2 尾鳍长度大于体长 ……………………………………………………………凤尾高头
2. 顶瘤不特别发达
   2.1 颊瘤特别发达，向前下方发展，前段接近或超过吻端，龙头型头瘤 …………东锦（关东东锦）
   2.2 颊瘤不特别发达
      2.2.1 各部分头瘤发达，均匀，狮头型头瘤，尾鳍长度大于体长的二分之一 ………………狮头
      2.2.2 各部分头瘤发达，均匀，狮头型头瘤，尾鳍长度小于体长的二分之一 …………短尾狮头

5. 蛋鱼组

1. 双尾鳍，四叶
   1.1 尾长小于或约等于体长的三分之二 …… 蛋鱼
   1.2 尾长大于体长的三分之二 …… 丹凤
2. 尾鳍三叶 …… 南金

6. 蛋种龙睛组

1. 有头瘤 …… 龙睛兰寿
2. 无头瘤
   2.1 鼻膜特化成绣球 …… 蛋种龙睛绣球
   2.2 鼻膜不特化成绣球
      2.2.1 尾鳍长度小于或约等于体长的三分之二 …… 蛋种龙睛
      2.2.2 尾鳍长度大于体长的三分之二 …… 凤尾蛋种龙睛

7. 虎头组

1. 顶瘤明显比鳃瘤、颊瘤发达，高耸
   1.1 红色头瘤，白色身体 …… 鹅头红
   1.2 其他颜色 …… 高头虎头
2. 顶瘤不特别发达，各部分头瘤均匀，发达
   2.1 顶瘤红色，身体白色 …… 红顶虎
   2.2 其他颜色
      2.2.1 头瘤特别发达，头长大于或约等于体长的三分之一 …… 猫狮
      2.2.2 头长小于身体的三分之一 …… 虎头

8. 兰寿组

1. 鳞片大小、排列不均匀，身体部分区域皮肤可能裸露 …… 龙鳞兰寿
2. 鳞片排列均匀
   2.1 尾鳍张开时左右尾鳍末端之间的距离大于体宽 …… 宽尾兰寿
   2.2 尾鳍张开时左右尾鳍末端之间的距离大于体宽
      2.2.1 背弧低，颊瘤发达，向前下方发展，接近或超过吻端 …… 蘭鑄
      2.2.2 背弧高，身体近球形，颊瘤不特别发达 …… 中国兰寿

金鱼的品评和比赛

金鱼从诞生初期，就已经出现了比赛。饲养金鱼的人，总希望把自己的鱼展示给更多人，从中得到成就感。同时，也希望进行比较，看自己在养鱼的人中处于什么样的水准，看别人的人有什么新的品种。

在中国，明朝郎瑛1566年所著《七修类稿》中记载，1548年到1552年之间，杭州金鱼风行，人们经常进行带有赌注的金鱼比赛："杭自嘉靖戊申（1548）来，生有一种金鲫，名曰火鱼，以色至赤故也，人无有不好，家无有不蓄，竞色射利，交相争尚，多者十余缸，至壬子（1552）极矣。"

1934年11月18日，上海在市立动物园举办金鱼展览会，同时进行了金鱼比赛。那场比赛，第一次对参赛金鱼进行分组，并制定了百分制的评判标准，裁判大多是沪上名人。

1935年4月16日，北京中山公园选送金鱼参加在太庙举办的北平市物产展览会，由裁判进行审查，最终获物产展览会特等奖。

1993年10月15日，中国水产学会在无锡淡水渔业中心举办了官方的中国金鱼展评会，从参赛金鱼中评出金、银奖，新品种奖和优胜奖。

进入本世纪以来，金鱼展览及品评逐渐常态化。2005年至2015年，上海国际休闲水族展览会上，连续10年举办金鱼比赛；2007年至2014年，北京金鱼锦鲤大赛每年举办。2012年，福州举办了金鱼大赛。目前，国内主要的金鱼比赛有中国渔业协会主办的"中国（淄博）金鱼大赛"、"中国（福州）金鱼大赛"以及"长城国际宠物展（CIPS）世界金鱼锦标赛"三大赛事，单一品种的品评会众多。

日本的金鱼品评会起源于1751年，每年举办的物产展览会。关于金鱼比赛最早的记载则是1862年5月15日举办的蘭鑄品评会。

在英国，1948年成立的GSGB（Goldfish Society of Great Britain）和1989年成立的NGSUK不定期举办展览会，并制定了金鱼品种分类以及品评标准。

金鱼比赛的分组

金鱼比赛的分组主要看参赛鱼的品种范围。中国是金鱼发源地，金鱼品种众多，但每个单一品种的爱好者分散，加上地域范围大，比赛鱼长途运输具有一定的风险，所以某一单一品种参赛鱼数量并不多。因此，分组时不仅要考虑品种分类，还要对相似品种进行合并，同时，分组需要有明确的界定标准，避免参赛鱼报名时无法归类。

分 组

2021年，长城杯世界金鱼锦标赛共分18个组别。由于不同品种观赏习惯的不同，18个组别分为侧视类和俯视类两类，侧视类12组，俯视类6组。

侧视类：

1. 鲫形鱼组 Crucian Body Group
2. 狮头A组 Oranda A Group
3. 狮头B组 Oranda B Group
4. 琉金A组 Ryukin A Group
5. 琉金B组 Ryukin B Group
6. 兰寿A组 Ranchu A Group
7. 兰寿B组 Ranchu B Group
8. 鹤顶红组 Crane Group

9. 短尾狮组 Oranda ST Group

10. 龙睛组 Telescope Group

11. 珍珠鳞组 Pearl Scale Group

12. 开放组 Open Group

俯视类：

13. 龙睛蝶尾组 Butterfly TE Group

14. 水泡眼组 Bubble Eyes Group

15. 虎头组 Tiger Group

16. 蛋凤组 Phoenix Group

17. 鹅头组 Goose Group

18. 绒球组 Pompons Group

各组的界定标准

1. 鲫形鱼组：文种鱼，鲫鱼体型，体长大于或等于体高的 3 倍，大于体宽的 5 倍，单尾或四尾。包括各种颜色的草金、和金、地金。

2. 狮头 A 组：文种鱼，有头瘤，尾鳍长度超过身体长度的二分之一，普通鳞，四尾。颜色方面，包括红、红白、黑、蓝、紫、黑白、蓝白、紫白、雪青等颜色，以正常鳞为界定标准。形态方面，包括国狮、泰狮等所有符合本组界定标准的个体。

3. 狮头 B 组：文种鱼，有头瘤，尾鳍长度超过身体长度的二分之一，透明鳞，四尾。颜色方面，包括红、红白、黑、五花、樱花、虎皮、水墨等颜色，以全透明鳞、马赛克透明鳞、网状透明鳞为界定标准。形态方面，包括国狮、泰狮等所有本组形态界定标准的个体。

4. 琉金 A 组：文种鱼，无头瘤，普通鳞，四尾。颜色方面，包括红、红白、黑、蓝、紫、黑白、蓝白、紫白、雪青等颜色，以正常鳞为界定标准。形态方面，包括燕尾琉金、短尾琉金、宽尾琉金等所有符合本组界定标准的个体。单尾个体归入开放组。

5. 琉金 B 组：文种鱼，无头瘤，透明鳞，四尾。颜色方面，包括红、红白、黑、五花、樱花、虎皮、水墨等颜色，以全透明鳞、马赛克透明鳞、网状透明鳞为界定标准。包括燕尾琉金、短尾琉金、宽尾琉金等所有符合本组形态界定标准的个体。单尾个体归入开放组。

6. 兰寿 A 组：蛋种鱼，有头瘤，兰寿型背弓，四尾，短尾，普通鳞。颜色方面，包括红、红白、黑、蓝、紫、黑白、蓝白、紫白、雪青等颜色，以正常鳞为界定标准。形态方面，包括国寿、泰寿、日寿等所有符合本组形态界定标准的个体。扯旗兰寿归入开放组。

7. 兰寿 B 组：蛋种鱼，有头瘤，兰寿型背弓，四尾，短尾，透明鳞。颜色方面，包括红、红白、黑、五花、樱花、虎皮、奶牛、水墨等颜色，以全透明鳞、马赛克透明鳞、网状透明鳞为界定标准。形态方面，包括国狮、泰狮等所有符合本组形态界定标准的个体。扯旗兰寿归入开放组。

8. 鹤顶红组：文种鱼，有头瘤，普通鳞，四尾，红色头瘤白色身体。本组包括鹤顶红、龙睛鹤顶红。

9. 短尾狮组：文种鱼，有头瘤，尾鳍长度小于或等于身体长度的二分之一。包括普通鳞、透明鳞等各种颜色。

10. 珍珠鳞组：文种鱼，珍珠鳞，四尾。包括各种颜色的鼠头珍珠、皇冠珍珠、龙睛珍珠、龙睛皇冠珍珠。

11. 龙睛组：文种鱼，无头瘤，龙睛眼，四尾。包括除蝶尾以外各种颜色和形态的龙睛。和蝶尾组的界定标准见蝶尾组。龙睛珍珠及龙睛皇冠珍珠归入珍珠组，龙睛鹤顶红归入鹤顶红组。其他复合变异品种以此类推。

12. 龙睛蝶尾组：文种鱼，无头瘤，龙睛眼，四尾，本组界定标准除尾鳍以外和龙睛组相同。本组要求参赛鱼尾鳍亲骨与身体纵轴线的夹角能够小于或等于 90 度。

13. 水泡眼组：蛋种鱼，水泡眼，四尾。包括各种颜色和身形、尾型的蛋种水泡眼。扯旗水泡归入开放组。

14. 虎头组：蛋种鱼，有头瘤，虎头型背弓，直背或弓背，四尾。包括各种颜色的虎头、寿星、猫狮、红顶虎等。

15. 蛋凤组：蛋种鱼，无头瘤，凤尾。包括各种颜色的蛋凤。蛋凤就是丹凤，前者注重品种特征，后者美化了名称。

16. 鹅头组：蛋种鱼，鹅头型头瘤，鹅头型背弓，四尾。包括鹅头红以及各种颜色符合本组形态界定标准的个体。

17. 绒球组：文种或蛋种鱼，包括文球、蛋球、龙睛球等所有带有绒球的各个品种。

18. 开放组：所有不包括在上述 17 组参赛鱼界定标准内的金鱼均可报名参加本组比赛。

评判标准

比赛采用百分制，分“总体美感”、“头部”、“眼”、“身体”、“鳍”、“颜色”和“游姿”等七项，每组分别按照七项总得分排列名次。

七项中，“总体美感”是裁判的主观分，需要裁判熟悉金鱼品种，了解不同金鱼品种最美的样子。游姿则是参赛鱼在比赛时候的游动姿态，有一定的偶然性，类似运动员在比赛时刻的竞技状态。其余五项则是参赛鱼的品种特征，根据不同品种的重点特征，每个部分的分值不同。通过一个列表可以直观地看出不同分组的重点特征。

评分标准对照表

组别	评分标准					
	总体美感	头部	眼	身体	鳍	颜色	游姿
1. 鲫形鱼组	20	10	5	20	25	10	10
2. 狮头 A 组	20	25	5	10	20	10	10
3. 狮头 B 组	20	25	5	10	20	10	10
4. 琉金 A 组	20	15	5	20	20	10	10
5. 琉金 B 组	20	15	5	20	20	10	10
6. 兰寿 A 组	20	20	5	25	10	10	10
7. 兰寿 B 组	20	20	5	25	10	10	10
8. 鹤顶红组	20	25	5	10	20	10	10
9. 短尾狮组	20	25	5	20	10	10	10
10. 珍珠鳞组	20	15	5	30	10	10	10
11. 开放组	20	15	15	15	15	10	10
12. 龙睛组	20	10	20	15	15	10	10
13. 龙睛蝶尾组	20	10	20	10	20	10	10
14. 水泡眼组	20	10	25	15	10	10	10
15. 虎头组	20	25	5	20	10	10	10
16. 蛋凤组	20	10	10	20	20	10	10
17. 鹅头组	20	25	10	15	10	10	10
18. 绣球组	20	25	10	15	10	10	10

参考文献

Franz Kuhn, 1935, Der Kleine Goldfischteich, INSEL-VERLAG ZU LEIPZIG

G.F. Hervey and J.Hems，1948，The Goldfish，BATCHWORTI-I PRESS LTD.

George Hervey, 1950，The Goldfish of China in the XVIII Century

Joseph Smartt，2011，Goldfish Varieties and Genetics，Sparks Computer Solutions Ltd.

LiJingJing, Retouching the Past with Living Things: IndigenousSpecies, Tradition, and Biological Research in Republican China, 1918-1937，Historical Studies in the Natural Sciences, Vol. 46,Number 2, pps. 154-206

M. De SAUVIGNY，1780，Histoire naturelle des dorades de la Chine

NGS，2016，The Nationwide：Goldfish Stanards of the United Kingdom

Petiver James，Empson, James，1764，JACOBI PETIVERI OPERA, Historiam Naturalem Spectantia，Vol1

冈本信明等，2011，原色金鱼图鉴。IKEDA PUBLISHING CO.,LTD.

栗本丹州，1838，皇和鱼谱。须原屋佐助

毛氏梅园元寿，1835，梅园鱼谱。

松井佳一，1935，金魚の研究。弘道阁

松井佳一，1963，金魚。保育社

寺岛良安，1824，倭汉三才图会。秋田屋太右卫门

陈桢，1959，金鱼的家化与变异。科学出版社

傅毅远，1981，关于我国金鱼品种演化及系统分类的初步意见。淡水渔业，6：17-20+36

李璞，1959，我国金鱼品种及其在系统发生上的关系。动物学杂志，6：248-251

罗振玉，1998，历代符牌图录，中国书店

罗竹风主编，2008，汉语大词典，上海辞书出版社

梁前进，1995，金鱼起源及演化的研究。生物学通报 ，30（3）：14-16

沈从文，2016，花花草草 坛坛罐罐。中信出版集团股份有限公司

孙机，2013，中国古舆服论丛。上海古籍出版社

王鸿媛主编，2000，中国金鱼图鉴，文化艺术出版社

王春元等，1983，我国现有的金鱼品种的分类及其系统发育的探讨。动物学报，29（3）：267-277

王春元，1984，我国金鱼品种的分类与命名。淡水渔业，4：32-35+11

王春元，2008，金鱼外部形态的变异。生物学通报，434（9）：1-3

王晓梅，1999，金鱼起源和系统演化的研究进展。天津农学院学报，6（1）：27-30

王晓梅，1998，用 RAPD 技术检测野生鲫鱼和四个金鱼代表品种的基因组 DNA 多态性。遗传，20（5）：7-11

吴吉人等，1956，金鱼，上海文化出版社

徐金声等，1980，我国的主要金鱼品种。淡水渔业，6：23-26+48

许祺源，1996，对中国金鱼品种形成原因的浅见。科学养鱼，8：1191-1192

许和，1935，金鱼丛谈，新中华图书公司

叶其昌，曲利明主编，2017，中国金鱼图鉴，海峡书局出版社

后 记

儿时生活在大山里，记忆中最多的游戏是上山抓虫喂鸡鸭，下河捞鱼养在罐头瓶里。读小学的时候，偶然得到了一条白色的金鱼。在那个物质匮乏的年代，又是偏僻的山区，十分难得。如获至宝，养在一个脸盆里，悉心照料，也居然活了几个月，直到一次换水。小时候生活的兵工厂自来水直接取自山泉，本来是不加漂白粉的，但汛期溪水暴涨，厂里为了饮水安全，对自来水进行了消毒。误加有漂白粉的自来水而导致金鱼牺牲。儿时和自然的亲密关系以及那段金鱼故事，也许冥冥之中注定了和金鱼结下不解之缘。

高考填报志愿的时候懵懵然把水产养殖写在了第一志愿，走上了水产养殖的道路。2004 年，当时还叫“上海水产大学”的母校开设水族科学与技术专业，于是从食用的鱼虾贝藻转向了水族，以后又逐渐专注于金鱼。

时时惊艳于金鱼的美色，感叹人类塑造自然物种的伟大。每一条金鱼都不同，而且，随着时间的流逝，同一条金鱼也始终在变化中，任何一条金鱼的美都是转瞬即逝。于是举起相机，想要留住金鱼的美。十年以来，从认识金鱼开始，由浅入深，金鱼逐渐成为我的喜好和事业。遇到过许多次身边的朋友询问怎样辨识金鱼品种，怎样饲养金鱼的种种问题。在考察金鱼历史文献的时候发现，关于金鱼饲养的书籍众多，几乎所有可能碰到的问题都能从中找到答案，却是接触金鱼最初的问题没有简单明了的答案。人们初次见到金鱼，大多数人往往会问，“这条鱼是什么品种？”“金鱼总共有多少品种？”。但关于金鱼品种的书籍太过复杂，往往令人望而生畏，最后失去了新的金鱼拥趸。

把近五年来积累的金鱼图片整理一下，力求用简单的文字加以说明，简化品种分类系统，让更多的读者在简单地分类识别金鱼的同时，能够领略金鱼之美，是这本书的目的。

关于品种分类，书中所有图片都在中国拍摄。也就是说，不论是布里斯托朱文金还是玉鯖、南金，都已经是在中国繁育饲养的金鱼，用原本的名称是想表达对做出人的敬意。

感谢我的家人，纵容我的任性，追求自己的梦想。感谢我的拍摄助手白云飞和孙勇，多年来一直协助我拍摄金鱼。感谢杨旭东，为我提供日本金鱼的最新信息。感谢王喆和陈杰雄，在我研究金鱼的过程中给予帮助。感谢黄宏宇为本书提供插图，感谢长城国际展览公司，给我机会组织金鱼比赛，有机会接触到更多的顶级金鱼。

感谢上海海洋大学屈琳琳老师的策划，促成了本书和读者见面。

要感谢的人太多，但最要感谢的是母校，培养我，包容我，让我有机会把自己喜爱的事情作为事业。2022 年，是母校诞辰一百一十周年，希望把这本书作为献给母校一百一十 年寿辰的薄礼。

图书在版编目（CIP）数据

金鱼之美 / 何为著. —上海：上海三联书店，2022.11
ISBN 978-7-5426-7898-0
Ⅰ.①金…　Ⅱ.①何…　Ⅲ.①金鱼-鱼类养殖 ②金鱼-鉴赏
Ⅳ.①S965.811

中国版本图书馆CIP数据核字（2022）第187305号

金鱼之美

著　　者 / 何　为
责任编辑 / 殷亚平
装帧设计 / 徐　徐
监　　制 / 姚　军
责任校对 / 王凌霄

出版发行 / 上海三联书店
（200030）中国上海市漕溪北路331号A座6楼
邮　　箱 / sdxsanlian@sina.com
邮购电话 / 021-22895540
印　　刷 / 上海南朝印刷有限公司
版　　次 / 2022年11月第1版
印　　次 / 2022年11月第1次印刷
开　　本 / 787mm×1092mm　1/16
字　　数 / 100千字
印　　张 / 19.5
书　　号 / ISBN 978-7-5426-7898-0/G·1652
定　　价 / 128.00元

敬启读者，如发现本书有印装质量问题，请与印刷厂联系021-62213990